科学养猪技术

陕西省畜牧技术推广总站　编

主编　周黎明

编著　周黎明　杨　帆　蒿迈道　雷　博
　　　肖普辉　张　弘　李宜坤

陕西新华出版传媒集团

陕西科学技术出版社

图书在版编目（ＣＩＰ）数据

科学养猪技术/陕西省畜牧技术推广总站编. —西安:陕西科学技术出版社,2015.8

ISBN 978 - 7 - 5369 - 6519 - 5

Ⅰ.①科… Ⅱ.①陕… Ⅲ.①养猪学—问题解答 Ⅳ.①S828 - 44

中国版本图书馆 CIP 数据核字(2015)第 196282 号

科学养猪技术

出 版 者	陕西新华出版传媒集团　陕西科学技术出版社	
	西安北大街 131 号　邮编 710003	
	电话(029)87211894　传真(029)87218236	
	http://www.snstp.com	
发 行 者	陕西新华出版传媒集团　陕西科学技术出版社	
	电话(029)87212206　87260001	
印 刷	陕西思维印务有限公司	
规 格	850mm×1168mm　32 开本	
印 张	5.75	
字 数	100 千字	
版 次	2015 年 8 月第 1 版	
	2015 年 8 月第 1 次印刷	
书 号	ISBN 978 - 7 - 5369 - 6519 - 5	
定 价	15.00 元	

前　言

　　我国是世界第一养猪大国。猪的存栏量、出栏量、猪肉产量以及人均占有猪肉数量多年来一直位居世界首位。因此,养猪业的发展状况不仅关系着我国人民动物性食品和菜篮子的供应,而且也影响着 CPI 指数的变化趋势、农村产业结构的调整、新农村建设、和谐社会构建以及国家的安定团结。因此,几十年来党中央国务院一直十分重视养猪业的发展。

　　改革开放三十多年以来,我国养猪业取得了快速发展。过去那种"一根绳、满地跑、土墙圈、粪水澡、冬天雪、夏天浇、喂头猪、一年交"的状况已经被"铁饭碗、高丝床、小包间、保温墙、自来水、全价粮"的集约化、机械化和科学化养猪工厂所代替。从全国范围讲,猪的出栏率已从 20 世纪 80 年代的不足 125% 上升到 2014 年的 157%,超过世界的平均水平。同时,100 头以上的规模养猪企业达 6713.7 万个,占 50% 以上。

　　虽然我国是世界养猪大国,但并非养猪强国,和养猪业发达的丹麦、美国、加拿大、德国相比,仍有很大差距,主要表现为:①出栏猪的胴体重小,仅为美国的 82.67%、加拿大的 84.31% 和丹麦的 92.15%。②猪的繁殖产仔率低,如丹麦每头母猪年产 2.25 胎,每头母猪年均断奶仔猪 30 头,在 31 天的哺乳期,断奶重可达 7kg 以上,而我国这几项指标相应为不足 2 胎/年、15 头/年和 5kg/头。③猪肉生产效率低,饲料消耗多,肉价偏贵,例如丹麦料/肉比为 3:1,德国为 2.5:1,我国约为 4:1。由于上述原因,丹麦的猪肉批发价为 9.6 元(RMB)/kg 而我国高达 14 元/kg。④猪病发生率和死亡率均偏高,尤其是一些传染性疾病。

　　为了提高我国养猪业的生产水平,党中央和国务院出台了一系列扶持政策,如猪种改良、免疫防疫、母猪补贴、资助发展规模化养猪场、定点屠宰、用储备肉调节市场猪肉供需矛盾等,使养猪业多年以来常常出现的大起大落状况得到遏制,人民群众基本可以吃到放心猪肉。最近农业部提出的《2020 年发展规划》指出:要使国产猪肉产量达到 5663.2 万吨,比 2013 年提高 3%,猪出栏率稳定在 150%,猪胴体重达到 82kg,每头存栏母猪产仔 16 头。一句话,就是在稳定存栏量的条件下,不断提升养猪业的科技含量和经济效益。

为了实现我国养猪业从数量扩张型向规模效益型的转化,实现"养猪强国"的目标,确保市场猪肉供给稳定、价格合理、质量可靠,陕西省畜牧技术推广总站组织本单位及西安乐民反刍动物研究所的有关专家编写了这本《科学养猪技术》读本,以问答的形式阐述了生猪养殖上迫切需要解决的 120 个问题。全书共分十个部分:一、养猪概况;二、猪的经济类型、品种和配套系;三、公母猪的鉴定和选种、选配;四、猪的经济杂交;五、母猪的配种、怀孕和产仔;六、仔猪断奶前后的养育;七、生长育肥猪的养育;八、种公猪的养育;九、种母猪的养育;十猪场的设计建设和环境保护。附录部分包括:不同阶段猪的营养标准和猪常用饲料营养成分表。

在本书的编写中,作者力求紧跟国内外养猪业的发展形势,联系并解决生产中的实际问题,企望能配合各级政府帮助养猪企业和养猪专业户在具体的生产实践中发挥一定的指导和参考作用。

由于篇幅和作者水平所限,疏漏和错误之处难免,恳请读者予以指正!

编者

2015 年 6 月 18 日

目　录

一、养猪概况

1. 目前国外养猪业的发展现状如何？

2012 年全世界猪的总存栏量约为 12.09 亿头,猪肉总产量约为 10252 万吨,比 2005 年增加 15%。猪的平均出栏率为 130%,每头存栏猪的产肉量为 98 千克。人均占有猪肉 15 千克。

丹麦是世界养猪业最发达的国家。2013 年出栏生猪 2910 万头,屠宰加工 2677 万头,占出栏生猪的 92%;出口生猪 2000 多万头;猪肉产量 314.3 万吨,为世界猪肉总产量的 3%。丹麦猪肉出口量占全球猪肉贸易总量的 30%,年创汇 35 亿美元,居世界首位。出口量占猪肉总产量的 85%。当年丹麦人均消费猪肉为 280 千克。

美国是仅次于中国的第 2 养猪大国,2012 年末猪的存栏量为 5600 万头,其中种猪 370 万头,猪肉总产量 1050 万吨,人均消费猪肉 35 千克/年。

2. 我国养猪业的发展状况如何？

我国是世界上养猪数量最多、猪肉总产量最高的国家。据资料介绍,2013 年末,生猪存栏数量 4.74 亿头,约占当年世界生猪存栏数量的 50.9%;猪肉产量 5493.0 万吨,占世界猪肉总产量的 53%;出栏数量 71516 万头,占世界的 48.6%。人均占有猪肉 36.2 千克。2014 年,我国肉类总产 8600 万吨,其中猪肉就占 65.9%。由此可见,养猪业的发展状况和猪肉的市场供应状态,不仅关系到国民的蛋白质营养和生活水平,而且直接影响着市场的稳定、CPI 的上升幅度以及全社会的安定团结和和谐发展。

3. 世界养猪业发展的特点是什么?

(1)猪肉生产方向随消费方向的变化而转变

20 世纪 40~60 年代主要为脂用型猪和鲜肉型猪,由于消费需求的改变,70~80 年代逐步向瘦肉型方向选育,最明显的变化就是约克夏猪的转型和巴克夏猪存栏量的减少。目前由纯瘦肉型向"优质风味型"转变。

(2)猪肉取代牛肉,已成人均消费最多的肉类

例如 1977 年牛肉在肉类消费中的比例为 37.7%,但到 1989 年已下降到 30.7%,减少了 7 个百分点。同期猪肉从占到肉类的 35.4%上升到 38.96%,增加了 3.56 个百分点。这种变化是与人们的消费心理变化以及瘦肉型猪的推广普及分不开的。

(3)瘦肉型猪成为主要品种

几个著名的瘦肉型品种,如约克夏、长白、杜洛克、汉普夏和皮特兰已成为不少国家的当家品种;以这些品种为基础,通过纯系猪培养和不同的杂交组合,除了生产二元、三元和终端轮回猪以外,还形成了几个优良的配套系猪种(如 PIC 配套系、达兰配套系、斯格配套系及伊比得配套系等)。通过这些杂交技术的广泛应用,充分利用杂种优势,提高了生猪的生长速度和瘦肉率,改善了猪肉的风味,并进一步降低了养猪成本。

（4）工业化生产技术和养猪业紧密结合,推广 2 个阶段或 3 个阶段流水线养猪流程,使养猪业的集约化、规模化和标准化水平得到进一步提高

例如,小环境控制技术的应用,使用高架产仔栏和护仔箱,对母猪的限位栏饲养,保育猪的全进全出以及肥育猪的标准化饲养,极大地提高了仔猪成活率及保育猪和肥育猪的生长发育(肥育)速度,提高出栏率和产肉量。

（5）全价配合饲料的推广能更好地满足不同品种、不同年龄、不同生长阶段和不同生长用途猪的营养需要

尤其是猪对限制性氨基酸和脂肪酸的需要以及各种维生素、矿物质、微量元素及益生素等的需要,已经被广泛用于配合饲料的组成中,以提高猪的饲料转化率和降低饲养成本,提高养猪效益。

（6）增加猪的抗病能力

为了提高猪群的健康水平,增加机体的免疫功能,不少国家(如欧盟)已停止向猪的配合饲料中添加抗菌素;同时,加强程序免疫,采取注射、吸入及饮水等措施,定期给仔猪补充铁和铜;预防猪瘟、丹毒、肺疫、蓝耳病、无名热以及链球菌等传染性疾病。

同时严格限制在猪的饲料中使用"催长剂"(如瘦肉精)和激素等外源物质。

（7）注重环境保护,发展循环经济

丹麦提出,每个农场饲养的生猪数量不得超过 1500 头种猪或 15000 头生猪。当一个农场达到了这个标准的 1/2 时,政府的相关部门和机构就要对其环境效应进行评估,然后再决定是否可以继续扩大。同时,对猪所排泄的粪尿要进

行无害化处理。

2000 年末,欧盟又作出了一项决定,为了发展有机肉品,保护动物的福利,准备从 2013 年元月起,在欧盟成员国内禁用母猪限位栏,改为舍内群养。为了搞好养猪场的环境保护工作,要关闭一批小猪场,合并建设一些大型猪场。

4. 我国养猪业的发展形势及特点是什么?

(1)在波澜起伏中不断发展

新中国成立初期,我国存栏猪 6500 万头,每年出栏 5000 万头,出栏率为 77%;猪肉总产 400 万吨,每头存栏猪产肉 80 千克;每年人均占有猪肉仅为 10 千克左右。1973 ~ 1975 年间,我国猪的存栏数量达到 26397 万头,出栏 16980 万头,猪肉总产达到 800 万吨,均居世界首位。2005 年,猪肉总产量突破 5000 吨,达到 5009 吨,为 1961 年的 31.18 倍;从 2004 年开始,我国人均占有猪肉超过 36 千克,达到世界平均水平的 2 倍。

但在这几十年的发展历程中,我国的养猪业并不是一帆风顺的。由于粮食生产波动、饲料价格、疫病流行和市场需求等变化的影响,养猪业每隔 4 ~ 4.5 年就会出现 1 次波动。结果形成"杀青弑母",母猪存栏量大幅减少,市场仔猪供不应求以及猪肉大幅涨价,形成规律性地恶性循环。

(2)品种改良和肉的质量逐步提高

我国有许多地方品种和杂交改良品种,如东北民猪、八眉猪、北京黑猪、关中黑猪、宁乡猪、金华猪、汉白猪等等。但是由于这些猪多为脂用型和腌肉型,其瘦肉率一般偏低、生长速度偏慢、饲料报酬率不高等原因,这些猪种已不能完全适合现代化瘦肉型猪生产的需求。因此,从 20 世纪 80 年代开始,一些大中城市就开始从国外引进大型的瘦肉型猪种(约克、长白、杜洛克、汉普夏、皮特兰等)和当地品种进行杂交,或用引进的品种,按一定的方案进行品种间杂交,生产二元、三元和终端杂交猪,以充分利用杂种优势。一些大城市已在开展杂交和引入配套系猪种的基础上,选育适合本地区的瘦肉型猪种(如北京猪)。

通过 30 多年的持续工作,我国生猪的品质已有大幅提高。出栏率从 20 世纪 60 年代的 75% 左右提高到现在的137.6%;6 月龄猪的出栏体重平均达到 90 千克。平均瘦肉率达到 52% 左右,料/肉比达到 3.0 左右。

(3)猪的全价配合饲料逐步推广,猪的营养得到全面改善

2008 年全国消耗猪料 4400 万吨,比上年增加 10%,平均每头存栏猪消耗约 100 千克。配合饲料的合格率达到88.6%,基本上可满足各个不同年龄段和生理阶段猪对能量、蛋白质(氨基酸)、维生素及微量元素等的需要。

(4)养猪技术不断进步,设备不断完善

除了上述在育种和营养方面采取现代的科学技术成果以外,近年来随着生物工程技术(克隆、冷冻胚胎和胚胎移植)和电子计算机技术的普及和推广,在猪的繁殖和饲养管理方面也有较快发展,特别是工厂化养猪业的兴起,机械化、自动化技术已经广泛应用于猪的饲喂、环境控制、饮水、防疫以及粪污处理等方面。正像群众总结出的顺口溜所描述的那样,从"一根绳,满地跑,土墙圈,粪水澡,冬天雪,夏天浇,喂头猪,一年高",转到"铁饭碗,钢丝床,小包间,保温墙,自

来水，全价粮"。

（5）养猪业的规模化、产业化和区域化进程不断加快

据资料介绍，2008年养猪的规模化（存栏量≥300头）已达到48.4%；产业化的养猪组织有7万多个，占50%以上。全国已建成以中原和东北为主的生猪产业带。

（6）养猪观念已发生变化

养猪观念开始变化，已从农家经营的副业状态和"养猪不赚钱，只看地里田"的附属地位向专业化、规模化和集约化方向发展。一些地方已建成的工厂化万头养猪场已成为支撑当地肉类加工业稳定发展的基本条件。如双汇、雨润等肉食加工企业，已带动周边的很多县、乡建立了大型的规模化养猪场，改变了养猪业作为粮食种植业附庸的格局，慢慢向独立产业的方向转变。

（7）国家对养猪业的扶持力度不断加大

自2007年下半年以来，由于猪蓝耳病和其他一些传染病的流行，世界范围以及国内饲料价格的大幅上涨，人工工资普遍上升等原因，我国猪的存栏量下降，出栏减少，市场猪肉供应紧缺，肉价大幅上升（当时同比上升达50%以上），拉动了CPI的急剧攀高。

面对这种形势，党中央和国务院采取了一系列紧急措施，如免费防疫、母猪补贴（每头补贴从50元提高到100元）、资金扶持兴办规模化养猪场、向市场投放国家储备粮和储备肉等。截至2008年4月，猪肉价格不断攀升的情况才有所遏制。近2年来，虽然肉价时有波动，但总的情况还是较为平稳的。

5. 现在国内有哪几种养猪经营模式？各有什么优缺点？

（1）多元化养猪模式

①特点：多元化产业经营，但以养猪业为主，兼营饲料生产及销售、疫病防治及动物健康保护、屠宰加工及肉产品销售；在这种多元化模式下饲养有种猪和商品猪；实行自繁自养。

②优点：易于扩张，规模效益好，可以形成产业链，所以整体创利能力强，而且有较强的抗风险能力。

③缺点：投资大。

（2）单元化养猪模式

①特点：只从事养殖业，不经营别的产业。

②优点：便于集中人力、财力和物力，专心致志搞养猪，容易实行专业化经营。

③缺点：当猪的市场行情不好时，往往入不敷出，难以逃脱亏损局面。因此采用这种模式的企业综合竞争与盈利能力较差；由于其上游及下游的制约多，本身没有多少抗御风险的能力。

（3）一条龙的养猪模式

①特点：育种、种猪繁殖、仔猪繁育以及生长育肥猪的饲养均由企业自己做，属于闭锁式养猪体系。

②优点：自繁自养，容易控制疫病；可根据市场变化灵活调整猪群结构；或生产纯种猪，或生产二元母猪或育肥猪，专业化水平较强。

③缺点：种猪的育种花费大，成本高。要求专业化和管

理水平高,主业的投资也相对较高。

（4）阶段性生产模式

在一个地区之内,为了搞好配套系猪的培育,各种不同性质的猪场进行联合,有的生产祖代猪(纯系),有的生产父母代猪(杂交扩繁),有的只生产商品仔猪,而有的用杂种商品猪进行肥育。这是一种阶段性的生产模式。

①优点:专业化程度高,技术单一,便于集中使用人力、物力和财力,彼此合作、取长补短,业务单一,管理简单,便于操作。

②缺点:综合盈利能力差,易受生猪市场及别的上游和下游环节的制约。猪群经常移动,不能实行自繁自养,感染疾病的机会也较其他模式高。因此必须建立严格的防疫制度。

6. 我国现行的传统养殖模式有哪些缺点?

①品种比较落后(多为土种猪或杂交种),良种普及率低(不及30%)。

②饲养环境差,圈舍简陋(有的和人厕共用),几乎没有什么设施(有的用绳栓系)。

③饲料选择随意性强,有啥喂啥;饲喂方法落后,多以副料、限饲或稀汤灌大肚为主。

④不消毒、疫病防治不严格,患病的机会多,威胁大。

⑤排污处理不良,环境污染严重。

⑥规模化、产业化程度低,散养户占75%以上,市场控制能力较差。

⑦生产效率低下,与发达国家相比差距较大,养猪户只

为积肥很少赚钱。

⑧肉品质量差,药物残留多,达不到无污染的目的,不符合食品安全法的要求。

7. 标准化养殖模式的内涵及优点是什么?

所谓标准化,就是推广"四良"配套的养猪生产技术,简单的公式是:"良种 + 良料 + 良舍 + 良法"。为了克服传统养殖的缺点,就必须推广"标准化"养殖模式。

①一良。就是良种,即饲养杜洛克 × 长白 × 约克夏的三元杂种猪。

②二良。饲喂营养全价、高品质、无公害的标准化饲料。

③三良。提供猪只生长发育所需的最佳环境条件和房舍及设施。

④四良。采用统一标准的饲养管理方法和疫病控制技术,生产出"安全、优质、新鲜"的猪肉。

通过"洋理念 + 新办法"的有效组合,实现养猪业的标准化生产,从而达到"低成本、高效率和高效益"的目标。

8. 猪有哪些生理特性?

(1)多胎高产

猪是一种常年多次发情、多胎高产的动物。与其他家畜相比,猪性成熟早,一般 4 ~ 5 月龄。6 ~ 8 月龄即可初次配种。妊娠期短,平均为 114 天。产仔多,平均年可产仔 2.5 窝,每窝产活仔猪 10 ~ 12 头,哺乳期短,一般为 28 ~ 45 天,早期断奶猪可以缩短至 11 日龄。断奶后配孕早,一般仔猪断奶后,母猪可于 3 ~ 10 日以内配孕。

（2）生长快、成熟早

猪的初生重仅为 1 ~ 1.5 千克,但生后生长很快。10 ~ 17 天体重翻番(犊牛需 46 天,马 50 天)。1 月龄体重为初生重的 5 ~ 6 倍,2 月龄又为 1 月龄体重的 2 ~ 3 倍,生后 21 天蛋白质的总量翻番,而能量(主要为脂肪)增加约 3 倍。一般 5 ~ 8 月龄时的屠宰体重可达 90 ~ 100 千克,日增重可达 500 ~ 700 克,最高可达 1050 克。

（3）出肉多、肉质好

猪的屠宰率为 70% ~ 75%,而牛和羊的屠宰率仅为 44% ~ 55%。猪的瘦肉率在瘦肉型猪种可达 55% 以上。猪肉含水量少,含脂肪和热量多,必需氨基酸和必需脂肪酸(特别是赖氨酸和亚油酸)含量高,营养价值高;肌肉纤维细,口感鲜嫩,味香。

（4）杂食、饲料利用率高

猪是一种杂食动物,可以采食多种饲料。猪的消化器官十分发达,其容积和重量都很大。例如,荣昌猪的肠子和体长的比例可达(18 ~ 23):1。猪吃的多,但很少过饱,消化很快。猪对精料的消化率可达 76.7%。和牛、羊相比,猪利用饲料能量和蛋白质转化为肉的效率最高。依靠其发达的大肠和盲肠内微生物的分解作用,猪亦能较好地消化和利用青粗饲料。最近的资料表明,丹麦长白猪的料肉比可达 2.38: 1。但是,猪是单胃动物,对粗纤维素的消化率不及牛羊等复胃动物。

9. 猪的感觉能力如何？有哪些与感觉能力有关的生活行为？

（1）嗅觉

猪的嗅觉非常灵敏，对气味的辨别能力比人高 7～8 倍。嗅觉对于猪的生息有重要的作用。

①猪靠嗅觉保持母子之间、同窝仔猪之间以及同一猪群之间的相互联系和识别。母猪在熟悉其仔猪的气味后，就能很快通过嗅觉识别哪个是自己的，哪个不是自己的。如果有别窝仔猪偷吃奶，母猪会立即将其驱赶走，甚至咬伤、咬死。因此，如果有些母猪因为产仔过多或产后无奶需要寄养时，就必须在仔猪的身上涂抹与收养窝仔猪相同的气味，如保姆猪的尿液等，这样方可顺利寄养。

②寻找食物：小猪一生下来，就能靠嗅觉寻找奶头，3 天内就能固定奶头，在任何情况下都不会搞错。猪在放牧时，靠嗅觉能有效地寻找到地下埋藏的食物。当人们把死猪埋在地里时，猪可以跑到埋猪地点，把死猪从土里拱出来。

③保持性联系：成年公母猪有时虽相距数百米，但都靠嗅出性激素的气味来识别对方的方位。如果在发情期令其自由活动，公母猪很快就会跑到一起。

（2）听觉

猪的耳朵大，如同扩音器的喇叭，搜索音响的范围较大，即使很微弱的声音猪都能觉察到。猪对与吃有关的声响尤为敏感。当听到饲养员的叫声或喂猪用器具的声响时，立即起而望食，发出"吱吱"的饥饿叫声。母猪对仔猪的叫声特别警觉,当仔猪被抓或遇险发出呼救时,母猪表现惊恐不安,并发出响应的吼声,进而会引起整个母猪群的骚乱。利用猪的听觉特性,可以训练猪形成良好的采食习惯。要保护猪舍内外的安静,尽量不打扰它们,特别不要轻易捉小猪,以免影响其生长发育。

(3)视觉

猪的视力很差,视距短,对光线的强弱、颜色和物体的识别能力很差,是典型的"近视眼加色盲"。人们常利用猪的这一个特点,用假台猪进行公猪的采精训练。

10. 猪有哪些行为特性？针对猪的行为特性在管理中需要注意什么？

(1)群居行为

同窝仔猪群居在一起,合群性很好。但猪又有好斗性,不同窝的断奶猪或不相识的大猪合圈喂养时,刚开始会激烈咬斗,经过几天以后才会按个体的强弱依次形成一个群居集体。往往是那些强壮的猪居于"领袖"地位,此时群体趋于稳定。一旦位次排后的猪向"领袖"地位的猪提出挑战,又会导致新一轮的相互争斗,直到斗出新的"领袖"猪群才会恢复到新的稳定状态。但若猪群过大,则很难形成一个稳定的强弱位次,不利于猪的管理。在养猪生产中,为了避免猪的相互打斗,一般要按大小强弱分群分圈饲养,猪群不宜过大,不应随意拆散和合并,断奶猪最好能原窝转群,一起养育。

(2)定点排泄行为

猪是好活动物,喜欢在清洁干燥的地方睡卧,不在吃食的地方排泄粪尿,而是喜欢排在墙角、潮湿隐蔽、有粪便气味处。在猪舍内外环境适宜时,猪会表现出"吃、住、拉"三定位的良好习性。若猪所处环境不良,如气温过高、圈舍阴暗潮湿,猪群过挤和猪栏过小及受到惊吓等,它就无法表现出好洁性。

（3）母性行为

母猪在分娩前 2～3 天,就显露出母性行为,如叼草做窝等。分娩后,母性行为表现更为强烈。当仔猪想要吃奶时,母猪会立即睡卧,并使仔猪易于找到奶头,同时发出有节奏的嗯声,以示母爱。当母猪躺卧时,不断用嘴将它的仔猪排出卧位,以防止压伤小猪,当有人抓小猪时,母猪摆出一副防护的架势,并伴有示威性的吼声,有时还可能冲上去攻击捉小猪的人。这些母性行为,土种猪表现尤为突出,而高度培育的猪种,尤其是国外引入的瘦肉型猪种,母性行为都有所减弱,护仔能力差,易压死小猪,管理上要格外小心。

（4）后效行为

猪生来就有的行为（如吃奶行为、性行为等）称无条件反射行为。后天通过学习而获得的行为（如适用自动食槽、饮水器的能力等）称条件反射行为,也称后效行为。猪对吃、喝的记忆力最强,俗话说"猪记吃不记打"。因此猪对吃喝有关的工具、食槽、饮水槽（器）以及这些工具的方位等,最易建立起条件反射。利用这些特性,可以训练猪听从人的指挥,按照特定的叫声（或铃声）定时进行喂食、定点排泄。

11. 快速高效养猪的技术目标包括哪几方面的内容?

快速高效养猪的技术目标包括:猪的繁殖性能指标、仔猪培育指标、猪群管理指标、饲料消耗和肉猪肥育指标 4 方面的内容。

12. 快速高效养猪中猪的繁殖性能指标是什么？

繁殖是养猪工作的基础，是提高每头母猪年总产肉量的首要条件。管理良好的猪群必须达到的繁殖指标是：

(1)母猪配种率　85% 以上

(2)母猪年产胎次　2.2～2.6 窝

(3)母猪产仔率　95%

(4)初胎母猪配种月龄　8 月龄

(5)母猪断奶至配种　3～10 天

(6)公猪初配月龄　8～9 月龄

(7)窝产仔数　12～14 个

(8)仔猪初生体重　1.2～1.8 千克

(9)母猪生后 3～4 周平均泌乳量　10 千克

13. 快速高效养猪中的仔猪培育指标是什么？

仔猪出生后，由于培育条件差往往死亡率很高，生长发育受阻，无法达到预期的生产目标。为了解决仔猪培育上所存在的问题，提出以下指标作为监控：

(1)每胎成活仔猪　10～12 头

(2)每胎活仔猪死亡率　<10%

(3)每胎离乳存活仔猪　9～11 头

(4)每头每年生活仔猪数　18～22 头

(5)每头每年生活仔猪重　24～26 千克

(6)仔猪 5 周龄断奶重　7～8 千克

（7）60 日龄保育猪体重　18～20 千克

（8）60 日龄保育猪死亡率　＜8%

14. 快速高效养猪中的猪群管理指标是什么？

猪群管理的好坏，既关系着公、母猪的使用年限，也影响着养猪者的经济收益。

（1）公母猪的配合比例　自交 1∶（25～30）人工授精1∶（60～100）

（2）公猪使用频率　2～4 天 1 次（偶尔 1 天 1 次也可以）

（3）公猪使用年限　1～4 岁

（4）母猪使用胎数　6～8 胎

（5）母猪淘汰率　种猪场38% ,繁殖场25%～30%

（6）母猪死亡率　＜33%

15. 快速高效养猪中的饲料消耗和肉猪肥育指标是什么？

这些指标既是猪场管理水平的一个检验，也直接关系着养猪的经济效益，因为饲料和饲养费用要占总费用的70%左右。

（1）每头母猪 1 胎所需饲料(114 天怀孕，35 天断乳，加 7 天复配)　约390 千克

（2）平均每头离乳仔猪分摊母猪消耗饲料（以 9 头小猪计算）　约43 千克

（3）哺乳母猪日供给饲料量(2 千克 + 0.2 千克/头小猪×仔猪头数)　约4 千克

（4）仔猪 10～35 天共摄取补充饲料量

①不吮乳　4.0 千克

②吮乳　2.2~2.7千克

(5)保育猪(从35~60天)所需保育料　17千克

(6)肉猪(从15~90千克)所需饲料　360千克/头

(7)肉猪平均日增重　0.55~0.6千克

(8)肉猪平均饲料报酬率　3:1(最低可达2.4:1)

(9)肉猪平均死亡率　<1.8%

(10)肉猪到达90千克日龄　180天(最短可达150天)

16. 什么是发酵床环保养猪技术？它有什么优点？

发酵床环保养殖技术,也称生物发酵床无排放养猪法。它是在猪舍内铺设一定厚度的谷壳、锯末、秸秆和转化剂等混合物,将猪养在上面,其所排出的粪尿在舍内经微生物发酵,迅速降解、消化,从而达到免冲洗猪舍、零排放的目标。从源头上实现环保及零排放的要求。

发酵床环保养猪技术优点有:

(1)可以彻底解决养猪对环境的污染

采用此法后,由于有机垫料里含有一定活性的特殊有益微生物,能够迅速有效地降解、消化猪的排泄物,不需要每天冲洗猪舍,没有冲洗圈舍的污水,也没有任何废弃物排出猪舍,真正达到养猪无排放的目的。

(2)改善猪舍环境

生态发酵零排放养猪猪舍为全开放,使猪舍通风换气、阳光普照,温、湿度均适合猪的生长。猪粪尿在转化剂的迅速分解下,猪舍里不会臭气冲天和孳生苍蝇。

(3)提高饲料利用率

在饲料中按一定比例添加转化制剂(酶),可使营养物质相互作用,产生一些代谢产物和新的酶(如淀粉酶、蛋白酶和纤维酶等),同时还可消耗掉肠道中的氧气,给乳酸菌的繁殖创造了良好的生活环境,从而改善猪的肠道功能,提高了饲料的消化率。因此,采用此法养猪一般可节省约10%的饲料。

(4)提高猪肉品质

猪生活在垫料上,显得十分舒适。猪的运动量大,生长发育良好,几乎没有猪病发生,不用抗菌药物,提高了猪肉的品质。因此可以生产出真正意义上的"有机猪肉"。

17. 快速、高效养猪应采取什么样的技术措施?

(1)发展现代化、规模化和标准化的养猪企业(公司)

养猪业的发展经历了由小规模、以家庭饲养为主的传统饲养模式向大规模、集约化、工厂化饲养的现代化饲养模式的转变,这是经济发达国家所走过的道路,也是我国养猪业必须经过的历程。它有以下优点:

①可以节约土地、节约建筑面积。设计一个年出栏万头猪的养猪场,总占地 15×667 米^2,建筑面积6000多平方米。

②有条件利用优良品种,采用先进的标准化的生产工艺和饲养技术,提高饲料转化率。如,采用早期断奶可以最大限度地利用母猪的繁殖能力(达到年产 $2.2 \sim 2.5$ 窝),以提供更多的断奶仔猪(25头/年)。

③缩短肉猪出栏天数(150~180天)、提高出栏率(≥200%)和出栏体重(90~100千克)。

④提高饲料转化率(高的可达1:(2.4~2.6)),降低生产成本,使养猪企业获取更高的总体效益。

⑤有利于集中防疫、统一防疫,减少传染病的流行和发生。

⑥使养猪企业和专业户达到生产水平高、劳动生产率高、经济效益高的"三高"目标。

(2)生产"优质—风味型"猪肉,保证肉品安全

人们的消费爱好随着时代及生活水平而变化,对猪肉的消费也不例外。20世纪80年代以前人们普遍爱吃肥肉,随后由于生活水平的提高和对动物性脂肪与心血管疾病关系的认识,瘦肉又普遍受到消费者的青睐。但是,在吃瘦肉的时候又发现,这种肉缺乏多汁性,味道欠佳,纤维粗糙,因此进入2000年以后提出"优质-风味型"猪肉的目标。其主要指标为:

①猪的屠宰体重为90~100千克;

②在90千克时,胴体瘦肉率达到56%~58%;

③肉中大理石纹明显,在体重90千克时,瘦肉中肌肉脂肪的含量为3%~5%;

④猪肉具有鲜红颜色,肌纤维细嫩,pH值中性微酸,嫩度好,系水力正常;

⑤猪肉中各种有毒、有害物质的残留量不得超标,如抗生素、激素、重金属离子等。

(3)建设配套完善的种猪繁育体系,逐步推广配套系猪种的饲养模式

配套系猪是近30~40年以来在发达国家兴起的一些合成猪种,它能更充分地发挥猪的杂交优势,提高生产水平。但在我国推广不足20年,而且多集中在北京、上海、广州、天津等大城市。

饲养配套系猪的技术要求较高,特别是原种猪(曾祖代)和祖代猪。因此,要建立完整的种猪繁育体系。

①省级建设祖代种猪场,定期更换原种猪。

②市、县级建设父/母代种猪场,由省级提供祖代公、母种猪,按已定的配种计划配种;向乡、村一级的养猪场(户)推广商品代猪。

③乡、村一级的养猪场和专业户主要饲养商品代肥育猪。

(4)加强疫病防治工作,贯彻"防重于治"的方针

传染病是养猪业的第一杀手。近几年全国和世界范围内接二连三发生的猪链球菌病、狂犬病、口蹄疫以及蓝耳病等所造成的经济损失是无法估量的。因此,要充分认识"防疫工作是养猪业的生命线"这句话的深刻含意。要有完善的防疫机构和网络(县乡村级防疫站点);研究和生产有效的各类疫苗并定期进行程序免疫;做好环境卫生和消毒工作;探索增强动物自身免疫力的机制和措施;研究使用包括益生素、益生元、酶制剂和中草药在内的生物制剂在防治猪病、增强健康、提高生产性能方面的作用机理、使用方法和效果,逐步减少和最终停止使用抗生素。

(5)提倡科学饲养,加大推广全价配合饲料力度,逐步提高饲料转化率,节约粮食用量

猪是单胃动物,必须以精料为主。但从营养需要的角度讲,仅仅饲喂粮食是不够的。在猪的饲养标准中除了能量和蛋白质以外,还包括适量的粗纤维素、4 种限制性氨基酸、11 种矿物质及微量元素,以及 13 种维生素。此外,还需添加一定数量的助营养素(包括色素、味素、益生素、益生元、酸味剂、酶和中草药等)。由此可见,猪的营养是一种"全方位的营养"。这靠一个养猪户或养猪场是很难做到的。必须多方面配合,生产出能满足猪全部营养需要的全价配合饲料,并

使其逐步推广，不断提高养猪的经济效益、社会效益和生态效益。减少不适当使用矿物质（尤其是含磷成分）和微量元素（如碘、锌、硒等）对动物本身健康和对环境（特别是粪、尿）所带来的危害。

二、猪的经济类型、品种和配套系

18. 猪有哪些经济类型？

猪的经济类型,也称生产类型和生产方向。它是适应人们对瘦肉和脂肪的需要以及不同地区的饲养条件,经过长期、定向选育而形成的。猪的经济类型,可分为瘦肉型、脂肪型和兼用型3种。

19. 瘦肉型的主要特点是什么？

瘦肉型猪或称腌肉型猪,这类猪以生产腌肉为主。其外形特点是腰身细而长,四肢高而粗壮结实,背腰宽平,后躯发达,臀腿丰满。体长大于胸围 15 ~ 20 厘米,胴体瘦肉率很高,约占胴体重的 55% ~ 60% 以上。背膘很薄,平均在 3 厘米以下。近年来,我国引进的国外猪种,像长白、约克夏、杜洛克和汉普夏等猪种,都属于这一类型。

20. 脂肪型的主要特点是什么？

脂肪型猪能生产较多的脂肪。其外形特点正好和瘦肉型猪相反,体短而宽,胸深腰粗,体长与胸围大致相等,腿短。胴体瘦肉率很低,平均为 35% ~ 40% 左右;背膘很厚,平均在 5 厘米以上。花油、板油量也很大,皮较厚,可达 0.5 ~ 0.6 厘米。我国的海南岛猪、内江猪、宁乡猪等都属于典型的脂肪型猪。

21. 兼用型的主要特点是什么?

兼用型也称鲜肉型。其外形特点和产肉性能均介于瘦肉型和脂肪型之间。在这类猪中,有的偏向于脂肪型,就叫脂肉兼用型,如八眉猪、山西黑猪等;若偏向于瘦肉型猪,则称肉脂兼用型猪,如关中黑猪、北京黑猪和上海白猪等。

现在的瘦肉型猪,大都是由脂肪型猪经过严格选种,改善饲养条件和饲养方法而培育出来的。经过数年、若干世代的选育,仔猪的背膘由厚变薄,体躯由短变长,瘦肉增多和生长速度加快,最终形成了瘦肉型猪种。可以认为,瘦肉型猪种是培育程度较高的猪种。因此,其对饲料品质和饲养管理条件的要求更为严格。瘦肉型猪种更适应于集约化、工厂化生产条件。

在此,我们应该区分瘦肉型猪和商品瘦肉型猪2个不同的概念。商品瘦肉猪是指用于肥育的瘦肉型猪或者瘦肉型与其他类型的杂种猪。我国规定,凡瘦肉率在55%以上的均属于商品瘦肉猪。

22. 常见的国内猪种和国外引进品种有哪些?

新中国成立以后,我国相继组织人力,有目、有计划地进行新猪种的培育工作。到1990年底,已经育成的新猪种大约有40个,其中培育较早、影响较大的新猪种主要有上海白猪、北京黑猪、哈尔滨白猪、三江白猪、新淮猪、关中黑猪和湖北白猪等。

目前常见的国外引进猪种有汉普夏猪、杜洛克猪、大约克夏(大白)猪和长白猪。

23. 上海白猪有什么特点？

（1）产地和来源

主要分布在上海市郊的上海县和宝山县。由本地太湖猪与约克夏、苏白猪等进行杂交培育而成，为兼用型。

（2）体型外貌

被毛白色，体型中等偏大，体质结实，头面平直或微凹，耳中等大略向前倾。背宽腹稍大，臀腿较丰满。乳头多为7对。成年公猪重约250千克，母猪体重约170千克。

（3）生产性能

初产母猪产仔9头左右，经产母猪11～13头，初生重1千克，双月断奶重15千克。肥育期平均日增重615克左右，料肉比3.62∶1。屠宰率平均为75%，膘厚3.7厘米，胴体瘦肉率52%左右。

（4）主要优缺点及杂交效果

主要优点是瘦肉率较高、生长较快、产仔较多。作为母本与杜洛克和大白猪杂交效果良好，在较好的饲料条件下，杂种一代猪平均日增重达700～750克，料肉比（3.1～3.5）∶1，胴体瘦肉率可达60%左右。

24. 北京黑猪有什么特点？

（1）产地和来源

主要分布在北京各郊县。由北京双桥农场和北郊农场用本地猪与约克夏、巴克夏、苏白和高加索猪进行复杂育成杂交培育而成，为兼用型。

（2）体型外貌

被毛黑色,头中等大,耳向前平伸或稍直立,面微凹,额较宽。背腰平直,腹大不下垂。四肢健壮,臀腿较丰满,体质结实,结构均匀。乳头7对。成年公猪体重200~260千克,母猪体重150~220千克。

（3）生产性能

初产母猪窝产仔猪9头,经产母猪11头左右。初生重平均1.2千克,双月断奶重约15千克。肥育期平均日增重600克以上,料肉比(3.5~3.7):1,屠宰率72%~73%,胴体瘦肉率51%。

（4）主要优缺点及杂交效果

体形较大,生长较快,母猪母性好。与长白猪、大白猪和杜洛克猪杂交效果良好。长北(长白公猪×北京黑母猪)杂种一代日增重600~700克,胴体瘦肉率达51%~56%。以杜洛克或大白猪作为第二父本,长北F_1代作母本,所得三元杂种猪,日增重在600~700克,胴体瘦肉率54%~58%。但北京黑猪瘦肉率不太高,腿臀不够丰满,选择使用时要慎重。今后还要不断选育提高。

25. 哈尔滨白猪有什么特点？

（1）产地和来源

哈尔滨白猪简称哈白猪,主要分布在黑龙江省哈尔滨市及其周围各县,是由哈尔滨市香坊农场等单位用约克夏猪、苏白猪与当地猪杂交培育而成,为兼用型。

（2）体型外貌

被毛白色。头中等大,颜面微凹,两耳直立,背腰平直,腹线平,臀腿丰满,四肢粗壮,体质结实。乳头6~7对,成年公猪体重 220 千克,母猪体重 175 千克。

(3)生产性能

初产猪产仔 9 头左右,经产猪产仔 11 头左右。初生重 1.2 千克,双月断奶体重 16 千克。肥育期平均日增重 585 克,料肉比 3.7:1,屠宰率 73%,膘厚 4 厘米左右,胴体瘦肉率 45% 以上。

(4)主要优缺点及杂交效果

该猪具有较强的抗寒能力和耐粗饲性能,繁殖力较高,生长快,屠宰率高,胴体品质好。与其他许多品种杂交效果好,长(白)哈(白)杂交一代猪,日增重在 620 克以上,胴体瘦肉率在 50% 以上。缺点是体形外貌不够一致,瘦肉率偏低。

26. 三江白猪有什么特点?

(1)产地和来源

产于黑龙江省佳木斯地区,是由长白猪和东北民猪杂交培育而成。属瘦肉型。分布于东北三江平原。

(2)体型外貌

毛色全白,毛丛比长白猪稍密,嘴直、耳下垂。背腰宽平,后躯丰满,四肢健壮,蹄质结实。乳头 7 对以上。成年公猪体重 250~300 千克,母猪 200~250 千克。

(3)生产性能

初生猪产仔 9~10 头,经产猪产仔 11~13 头,初生重 1.2 千克。肥育期日增重 650 克,料肉比 3.5:1,膘厚 2.9 厘米,胴体瘦肉率 58% 左右。

(4)主要优缺点及杂交效果

该猪具有良好的瘦肉体型,生长快,产仔多,胴体瘦肉多,品质好。与哈白猪、大白猪和杜洛克等品种杂交,效果良好。杜(洛克)三(江)杂种一代猪日增重 650 克,胴体瘦肉率 62% 左右。

27. 新淮猪有什么特点?

(1)产地和来源

产于江苏省淮阴地区,由当地淮猪与大白猪杂交培育而成,为兼用型。分布于江苏的淮阴、徐州、盐城和杨州等地。

(2)体型外貌

被毛黑色,但允许体躯末端有少量白斑。头稍大,颜面平直或微凹,耳中等大,垂向前下方。背腰平直,腹稍大不下垂。臀略斜,四肢健壮,乳头 7 对以上。成年公猪体重 240 千克,母猪 185 千克。

(3)生产性能

初胎母猪产仔 10 头以上,经产母猪产仔 13 头以上。仔猪初生重约 1 千克。在青粗饲料喂量较高的情况下,肥育期平均日增重 350～490 克,每千克增重消耗混合精料 3.7 千克,青饲料 2.5 千克。适宜屠宰体重 80～90 千克,屠宰率 71%,膘厚 3.6 厘米,胴体瘦肉率 45% 左右。

(4)主要优缺点及杂交效果

该品种繁殖力高,耐粗饲,适应性强,经济杂交效果较好。与长白猪进行两品种杂交,杂种的日增重达 550 克,胴体瘦肉率 51% 以上,缺点是生长慢。

28. 湖北白猪有什么特点?

(1)产地和来源

该猪培育于湖北省武汉市。由大白猪、长白猪与本地通成猪、监利猪和荣昌猪培育而成,属瘦肉型猪种。现分布于武汉市及华中的广大地区。

(2)体型外貌

被毛白色,头直长、稍轻,两耳前倾稍下垂。背腰平直,中躯较长,腹小,腿臀丰满,肢蹄结实。成年公猪体重250～300千克,母猪200～250千克。

(3)生产性能

头胎母猪产仔9～10头,经产母猪产12头以上。肥育期日增重600～650克,料肉比3.5:1,屠宰率75%,胴体瘦肉率61%～64%。

(4)主要优缺点及杂交效果

优点是瘦肉率高,肉质好,生长较快,繁殖性能优良,能耐受长江中下游地区夏季高温、冬季湿冷的气候条件。作为母本与杜洛克、长白、汉普夏和大白猪杂交,杂种猪的日增重在600克左右,料肉比3.4:1,胴体瘦肉率61%～64%。

29. 关中黑猪有什么特点?

(1)产地和来源

关中黑猪培育于陕西关中地区,是由当地的八眉猪与巴克夏、内江猪和宁乡猪杂交育成,为肉脂兼用型。主要分布于西安及其附近的咸阳、宝鸡和渭南地区。

(2)体型外貌

体格中等大,被毛黑色。头大小适中,面侧微凹,耳中等大,略向前伸,背腰平直,腹不下垂,四肢端正,体质结实,乳头7对。成年公猪体重190千克,母猪150千克。

（3）生产性能

头胎猪平均产仔 8.5 头,经产猪产仔 10 头以上,初生重 l 千克,双月断奶重 12 千克,肥育期平均日增重 550 克,屠宰率 72%,胴体瘦肉率平均可达 53%,膘厚 3 厘米。

（4）主要优缺点及杂交效果

该猪具有适应性强、生长较快、酮体品质好和瘦肉率高等特点。但臀腿尚不够丰满。与外来的瘦肉型猪杂交有良好的杂交效果。长关、杜关及杜长关等两元或三元杂种猪的肥育期日增重为 553 克,瘦肉率在 55% 以上。

30. 长白猪有什么特点?

（1）产地

原产于丹麦,原名叫兰德瑞斯。由于该猪腰身长、毛色白,故我国称其为长白猪。目前本品种已遍及全世界,而且各国都利用丹麦长白猪培育本国的长白猪种,故有英系、法系、德系、加拿大系、日系等长白猪之分。我国早期引进的长白猪属英、瑞(典)、日系,近年来引进丹麦系和加系。

（2）体型外貌

头小轻秀,嘴长面直,耳向前平伸,身腰细长,背稍拱起,四肢较高,腿臀部肌肉发达。皮薄骨细,被毛白色。成年公猪体重 250～300 千克,母猪约 200 千克。

、（3）生产性能

头胎猪产仔 9.48 头,经产猪 10.41 头,初生重 1.5 千克左右,60 天断奶重 18 千克以上。肥育期日增重 500～800 克。料肉比(3.0～3.5)∶1,屠宰率 72%～73%,胴体瘦肉率随进口年代不同而有差异,20 世纪 70 年代引进的长白猪瘦肉率较低,约为55%,70年代以后引进的,瘦肉率可达63%,1995年天津宁河猪场引进的,胴体瘦肉率高达64.2%,日增重860克,料肉比为2.38:1,且背膘很薄,只有1.8~2.1厘米。

（4）主要优缺点及杂交效果

长白猪繁殖力高,母性强,泌乳量多,生长快,省饲料,胴体瘦肉率高。但其体质细致,抗逆性差,对饲料要求严格。用长白猪和我国地方猪种或培育猪种杂交,均可获得良好的杂交效果,在三元杂交生产中适宜于作第一父本。

近年来丹麦为了提高长白猪的日增重和肉质,由其他国家引进了长白猪,对本国的长白猪进行改良。

31. 大约克夏（大白）猪有什么特点？

（1）产地

该猪原产于英国,现已分布于世界各国,许多国家都有了自己培育的大约克夏猪,如美系、德系、荷系、法系、加系等。

（2）体型外貌

全身被毛白色,体格大,体形匀称。头颈稍长,面微凹,耳直立而中等大小,背腰平直稍显弓形,四肢粗壮,大腿丰满,肌肉发达,成年公猪体重300~400千克,母猪200~250千克。

（3）生产性能

头胎母猪产仔10.41头,经产母猪11.15头,初生重1千克以上。双月断奶重16~20千克,肥育期平均日增重700克以上,料肉比3:1,屠宰率71%~73%,胴体瘦肉率60%。

（4）主要优缺点及杂交效果

大白猪的产仔性能和母性都很好，而且生长发育快，饲料利用率高，胴体瘦肉率也较高。可以作为生产商品瘦肉猪的杂交父本，效果很好。

32. 杜洛克猪有什么特点？

（1）产地

产于美国。我国大陆先后由美国、加拿大、匈牙利、日本等国家和我国台湾地区引入该猪，现已遍及全国。

（2）体型外貌

全身被毛棕红色，也有棕黄色或暗棕红色的。两耳中等大，略向前倾，耳尖稍下垂。嘴短，面稍凹。身腰呈长桶形，细长而弓背，臀腿肌肉发达，四肢粗壮、结实，成年公猪体重340～450千克，母猪300～390千克。

（3）生产性能

初产母猪产仔9头左右，经产母猪产仔10头左右，初生重1.5千克，肥育期平均日增重750克以上，料肉比（2.5～3.0）：1，屠宰率75%，背膘厚3.2厘米，胴体瘦肉率60%～64%。

（4）主要优缺点及杂交效果

杜洛克最大特点是体质健壮、强悍，耐粗性能强，它是一个极富生命力的品种；生长快，饲料利用率高。该品种的缺点是繁殖力不太高，母性差；胴体产肉量稍低，肌肉间脂肪含量偏多。与我国猪杂交，其杂种猪在日增重、饲料利用率和瘦肉率等指标上均有明显的杂种优势。适宜于作杂交父本，尤其是第二父本。

33. 汉普夏猪有什么特点？

（1）产地

产于美国，是该国分布最广的瘦肉型猪种之一。20世纪80年代引入我国，但其数量少于其他猪种。

（2）体型外貌

被毛黑色，但颈肩结合部（包括肩和前肢）有一白带，故也有银带猪之称。头中等大，耳向前斜立，嘴较长直，体躯比杜洛克猪稍长，背宽微弓，肌肉发达，性情活泼。体质健壮，成年公猪体重315～410千克，母猪250～340千克。

（3）生产性能

头胎猪产仔7～8头，经产猪产仔8～9头，肥育期平均日增重600～700克，料肉比3∶1，屠宰率71%～75%，背膘厚2.9厘米，胴体瘦肉率60%以上。

（4）主要优缺点及杂交效果

该猪生长较快，饲料利用率高。背膘薄，瘦肉率高，肉质好，但产仔数少。以汉普夏做父本与我国猪种杂交，效果良好。

34. 皮特兰猪有何特点？

（1）产地及来源

该品种是19世纪70年代开始在欧洲流行的肉用型新品种。于1919～1920年开始在比利时用多元杂交的方法选育而成，1955年才被公认为是一个新品种。

皮特兰是目前世界上瘦肉率最高的品种。但由于该猪种一些固有的特点，多年来主要分布在一些欧洲国家和地区。近年来,在我国大力发展瘦肉型猪的条件下,已从比利时和法国引进了一些该种猪的纯种配套系或与别的猪种杂交后的杂种猪。

(2)体型外貌

被毛黑白或灰白,耳中等大小稍前倾,嘴短直,体躯较宽,背腰平直,后躯特别发达,极端的个体后躯呈球形,体宽而短,骨细,四肢短,肌肉特别发达。

(3)生产性能

皮特兰猪的主要特点是背膘薄。100千克活重时背膘厚度只有9.7毫米。胴体瘦肉率高达66.9%~70%;肌肉纤维较粗。经产母猪平均窝产仔猪10头左右。育成阶段平均日增重可达700克左右。饲料转化率1:2.65。90千克以后生长速度减慢。

(4)主要优缺点及杂交效果

该品种肌肉丰满,优质瘦肉比例高,早期生长发育快。不足之处是容易出现应激,肉的风味不够理想,四肢也不够粗壮。

皮特兰猪在杂交中可显著地提高杂交后代的瘦肉比重。在生产实践中可以利用皮—杜或杜—皮公猪作为父本,与长—大,或大—长母猪杂交,生产商品代肉猪,可以取得很好的效果。例如,达兰和伊比得配套系猪都含有该品种猪的血液。因此,可以称皮特兰为优秀的终端公猪。但是,当对肉的风味要求较高时,要慎重使用皮特兰猪。

35. 何谓配套系猪种?

配套系猪种是为了使所期望的性状取得稳定的杂交优

势而利用数个品种猪所建立起的繁殖体系,简称配套系。它是由原种猪(也称曾祖代猪)、祖代猪、父代猪和商品代猪所组成。

配套系猪繁育体系的结构如图 3 所示。在这一基本模式下可以有各种不同的形式。除 4 系外,还有 5 个系的配套(如英国的 P1C 配套猪和比利时的斯格配套猪),以及 3 个系的配套猪(如荷兰的达蓝配套系猪。)

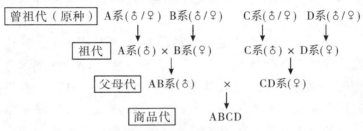

图 3　配套系猪的繁育模式图

配套系猪通常由 3～5 个专门化的品系组成。但都来源于世界上几个著名的瘦肉型猪种,如长白、大约克、杜洛克和皮特兰等。除了对原有的几个纯种瘦肉型猪建系以外,近年来还选育了合成类型的原种猪品系。但一般都是在专门化的育种公司中进行父系和母系的选育。

对父系的选育性状为:生长速度、饲料利用率、体形特征(如体躯长度、腿臀及前躯发育,背腰平直、四肢粗壮)和产肉性能等。

对母系的选育性状:产仔性(窝数、产仔数、仔猪成活率等)和母性表现(乳头数、发情表现、哺乳能力及温驯等)。

36. 常见的配套系猪种有哪些?

目前国内已经引进的配套系猪种有:PIC 配套系(英

国）、斯格配套系（比利时）、伊比得配套系（法国）和达蓝配套系（荷兰）。除此以外，北京养猪育种中心从 1997 年开始，利用多年从国外引进的优良猪种，分别选育出了 11 个品系，从中筛选出了 4 个专门化的品系，组成杂交繁育体系，命名为"中育配套系猪"。2004 年和 2005 年先后通过了品种审定和农业部的审批。该配套猪的父系父本品种是皮特兰，父系母本品种为杜洛克；母系父本品种为大约克，母系母本品种为长白猪。

配套猪的理论基础是杂种优势的产生及利用。它比三元杂交猪在期望性状（产仔数、生长速度、饲料利用率等）上获得了更为稳定的杂种优势，其终端产品——猪肉，有更好的加工品质。主要表现为产品整齐划一，屠宰率、净肉率以及肉的分割率都较高等。因此，配套系猪越来越受到国内外养猪者的关注。

37. PlC 配套系猪的育种模式、繁育体系和特点是什么？

P1C 配套系猪是 P1C 种猪改良公司选育的世界著名配套系猪种之一。这是一个跨国公司，总部设在英国牛津。PIC 中国公司于 1996 年成立。1997 年 10 月从 PIC 英国公司直接进口了 5 个品系共 699 头种猪，组成了育种核心群。

（1）P1C 的育种模式及繁育体系

见图 4。

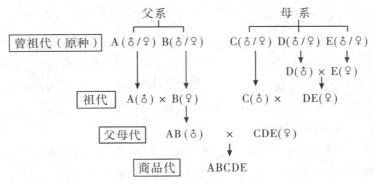

图 4　PIC 配套系猪的配套模式及繁育体系

（2）曾祖代原种猪各品系的特点

PIC 曾祖代的品系都是合成系，具备了父系和母系所需要的不同特性。

A 系：瘦肉率高、不含应激基因、生长速度较快、饲料转化率高。作为父系父本。

B 系：背膘薄、瘦肉率高、生长快、无应激综合征、繁殖性能优良。作为父系母本。

C 系：生长速度快、饲料转化率高、无应激综合征。是母系中的祖代父本。

D 系：瘦肉率高、繁殖性能优异、无应激综合征。是母系的父本或母本。

E 系：瘦肉率较高、繁殖性能特别优异、无应激综合征。是母系的父本或母本。

（3）祖代种猪

提供给扩繁场使用。其中包括：A（♂）、B（♀）、C（♂）和 DE（♀）。祖代种猪毛色全为白色。头胎母猪平均产仔10.5 头，经产母猪平均产仔11.5 头以上。

（4）父母代种猪

来自扩繁场，用于生产商品代肉猪。包括 AB（♂）和 CDE（♀）。父母代公猪（AB（♂）），为 PIC 的终端父本，被毛为白色，四肢健壮，肌肉发达。父母代母猪 CDE（♀）系，被毛白色，头胎母猪平均产仔 10.5 头以上，经产母猪 11.0 头以上。

（5）终端商品猪

ABCDE 称终端商品猪。155 日龄体重可达 100 千克。饲料转化率为 1:（2.6～2.65），体重 100 千克时的背膘厚≤16 毫米；胴体瘦肉率 66%，屠宰率 73%，肉质优良。

38. 斯格配套系猪的育种模式、繁育体系和特点是什么？

这是在比利时育成的 5 系配套猪种，从 20 世纪 60 年代开始培育，迄今已有 40 多年的育种历史。

（1）育种模式

如图 5 所示。

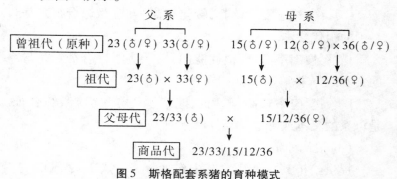

图 5　斯格配套系猪的育种模式

（2）曾祖代猪品系的特点

母系 36：为大约克型。四肢粗壮，背腰宽，性温驯，发情症状明显。繁殖性能高,平均产仔 11.5～12.5 头。母性好、泌乳力强;生长速度快,150 日龄活重可达 100 千克,此时背膘厚 11～14 毫米;饲料转化率 1:(2.2～2.4);应激反应阴性。

母系 12:属长白型。四肢健壮,体躯长,性情温驯。在产仔方面与 36 系配合良好,平均产仔 11～12 头,生长速度快,158 日龄可达 100 千克;背膘 12～14 毫米;饲料转化率 1:2.4;应激反应阴性。

母系 15:这是介于大约克和长白之间的合成品系。四肢粗壮,体躯长,性温驯。与 12/36 系猪配合力好。平均产仔 11～12.5 头,153 日龄可达 100 千克。此时背膘厚 12～13 毫米。饲料报酬率 1:23,应激反应阴性。

父系 23:这是含皮特兰血缘的品系,作为祖代父系使用。其特点为:四肢、背腰、后臀肌肉发达。产肉性能高,166 日龄可达 100 千克,瘦肉率 69%,背膘厚 7～8 毫米;饲料转化率 1:2.5,应激反应为阴性,100% 含有 BgM 基因。

父系 33:这是大约克型猪,作为祖代母系使用。其特点是:腿、臀和前躯发达,背、腰宽平,产肉性能高。母性好、繁殖力强,平均产仔 10～11 头,156 日龄体重可达 100 千克,瘦肉率 67%,背膘 8～9 毫米,饲料转化率 1:(2.2～2.4),应激反应阴性。

(3)祖代母猪(12/36)

发情表现明显,母猪利用年限长,一生可产仔 6.8 胎,平均产仔 12～13 头;100 千克体重时背膘厚度 12～13 毫米;应激反应呈阴性。

(4)父母代母猪(15/12/36)

体型长。结构匀称,体质强健,泌乳力强。初情期出现早、发情症状明显;平均产仔 12.5 ~ 13.5 头,年产 2.3 ~ 2.4 窝,每头母猪平均年育成断奶仔猪 23 ~ 25 头;100 千克活重时背膘厚 12 ~ 13 毫米;一生可产 6 ~ 8 胎:抗应激能力强。

(5)父母代公猪(23/33)

前躯及臀、腿部均很发达,背腰宽;产肉性能好,153 日龄体重可达 100 千克,瘦肉率 67.5% ,此时的背膘厚 7 ~ 9 毫米;饲料转化率 1:(2.2 ~ 2.4)。

(6)终端商品猪(23/33/15/12/36)

被毛全白,肌肉丰满、背宽、腰厚,臀部极发达。整齐度好,外貌美观。生长快,25 ~ 100 千克阶段,日增重 900 克以上,育肥期饲料转化率 1:2.4,屠宰率 75% ~ 78% ,瘦肉率 66% ~ 67.5% ,肉质好,肌肉脂肪 27% ~ 33% ,应激反应为负。

该配套猪于 1999 年 3 月引进河北裕丰实业有限公司,目前已扩繁至福建、广东、江苏、山东各省。现已建立了 20 多个祖代猪场。

39. 达蓝配套猪的育种模式、繁育体系和特点是什么?

这是荷兰国际种猪公司选育的猪种。在法国、加拿大均有该配套系的原种场。1997 年在北京成立“中荷农业部北京畜牧培训示范中心”。该配套系猪是利用优秀的大约克猪、皮特兰猪作为选育素材,经过 30 多年的性能测定、选择淘汰和配合力测定选育成功的 3 系配套猪种。2000 年我国引入了 3 个专门化的品系。

该配套猪的育种目标是致力于商品肉猪整齐、高性能水平和优良的肉质。自引进我国以来,经过长期的风土驯化和系统选育,已经适应我国的饲养环境,具有突出良好的繁殖性能(产仔数、断奶后发情间隔、仔猪断奶体重)、生长速度和饲料转化率,适应我国现行的饲养水平,是养猪业产业化发展的好猪种。

(1)达蓝配套系猪的配套模式及繁育体系

详见图6。

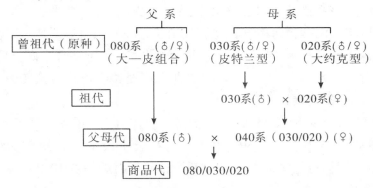

图6　达蓝3系配套猪的配套模式及繁育体系

(2)曾祖代原种猪各品系猪的特点

①母系020:是基础母系,做母系的母本,是由大约克猪培育而成,已有30多年的育种历史。主要以繁殖能力作为育种目标。选择的性状为窝产仔数和哺乳性能。

该系猪外貌为白色,头颈轻,面部微凹,鼻端宽,耳中等大小、平,颈中等长,无明显腮肉,颈、肩结合良好,背腰宽长,后躯丰满,腹部发育充分,但不下垂,四肢粗壮结实、端正。公猪睾丸大小中等而对称;母猪外阴较大,乳头饱满整齐,12个以上乳头,少见瞎奶及赘生无效奶头。该品系猪食欲旺盛,容易饲养。

母猪平均产仔12头以上,4周断奶仔猪体重可达8.1千克。148日龄可达100千克重。育肥阶级（30～100千克）平均日增重950克。育肥期饲料转化率1:2.50。100千克体重活体背膘厚11.3毫米。瘦肉率66%。

②母系030：此为优秀的母系父本猪，由皮特兰选育而成。100%的应激阴性。在育种权重上75%为繁殖能力，25%为肥育性能。

该系猪被毛白色或夹有黑白斑块。头轻，鼻平直，面颊紧凑。两耳稍向前方直立。颈稍长，无腮肉，身躯紧凑，胸宽深。前肢和胸、腰部结合良好，背腰长，与后躯结合良好。后臀肌肉发达，臀部宽。公猪睾丸大而对称。母猪乳头12个以上，排列整齐。

母猪产仔12头以上，4周龄断奶体重8.3千克，151日龄体重达100千克。30～100千克育肥阶段平均日增重920克，饲料转化率1:2.45,100千克体重时背膘厚度10.2毫米，瘦肉率66%。

③父系080：此系是由约克和皮特兰杂交而培育成的合成品系。在达兰配套系中是作为终端父本公猪使用的。已有30多年培育史。

外貌特征：被毛白色，头颈轻，鼻端宽直，面部微凹，面颊紧凑，无腮肉。耳直立，中等大小，颈中等长。头部和颈肩结合良好、紧凑，胸宽而开阔，肌肉丰满。背腰长、宽、平。后躯丰满，四肢较高、粗壮结实。公猪睾丸突出、大小中等而对称。母猪外阴发育充分，乳头发育明显，有12个以上，排列整齐。

生产性能：母猪产仔12.5头。4周龄断奶体重8.5千克;142日龄达100千克。育肥阶段（30～100千克）平均日增重 1050 克。饲料转化率 1∶2.43,100 千克体重活体背膘厚度 9.8 毫米,瘦肉率 66%。

(3)父母代种猪040:此系猪毛色为白色、体质结实、四肢健壮,具有良好的母系外貌特点。体形大,背腰宽平,腹部发育充分。乳头及外阴部发育良好。产活仔数 11.09 头。在一般较好的饲养条件下,4 周龄仔猪的断奶重平均为 7.5 千克。母猪通常在断奶后 3~4 天,奶头开始变瘪时发情。发情表现明显,容易配孕。

(4)终端商品肉猪 080/030/020:毛色为白色,群体整齐。体质结实,具肉用型体型。没有应激反应。143~145 日龄达 100 千克出栏体重。育肥期饲料转化率为 1∶2.36,活体背膘厚度 12~14 毫米。眼肌高度 5~5.5 厘米,胴体瘦肉率 65% 左右。

40. 伊比得配套系的育种模式、繁育体系和特点是什么?

这是由法国古龙一桑得斯集团下属的伊比得种猪优选公司选育而成的配套系猪。我国根据市场的实际需要,由北京养猪育种中心和广东温氏食品集团有限公司,于 2000 年选择性地引进了 FH016、FH019 这 2 个父系和 FH012、FH025 2 个母系的原种,组成了伊比得 4 系配套的繁育体系。

(1)伊比得配套系种猪的配套模式及繁育体系

如图 7 所示。

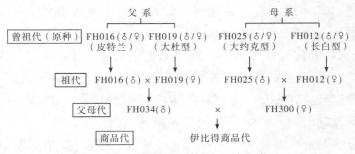

图7　伊比得猪的配套模式及繁育体系

（2）曾祖代原种各品系猪的特点

①母系 FH012：该系具有长白体型，四肢粗壮，背腰宽，体躯长，性情温驯，发情症状明显，奶头发育好，有效奶头平均 14.5 个。

性能表现：生长速度快，55～100 千克期间平均日增重 1094 克，138 日龄达到 100 千克体重，此时背膘厚度 15.6 毫米，育肥期间饲料转化率 1：2.46，无应激反应。

②母系 FH025：该系具有大约克体型。四肢健壮，背腰宽平，性情温驯，适应性好，奶头发育好，有效奶头平均 14.4 个。

性能：与 FH012 系在配套系中配合力好。产仔提高 1 头以上。生长速度快，35～100 千克期间平均日增重 1086 克，137 日龄即可达 100 千克，此时背膘厚 15.6 毫米，育肥期饲料转化率 1：2.48，无应激反应。

③父系 FH019：这是介于大约克和杜洛克之间的一种合成品系，称为圣特西或白色的杜洛克。从 1971 年组群，1988 年开始闭锁繁育，不断有新的种猪进入至今。在配套中作父系母本。

外貌特点：全身被毛白色，偶见黑斑，体型稍短，四肢粗壮结实，耳中等大、直立，背腰宽平。尽管是母系猪，但母猪的母性特征很明显:发情旺,外阴部、奶头发育好,有效奶头数平均 13.3 个。

性能:生长速度快,背膘薄。经产母猪平均产活仔 10.68 头;35~100 千克间平均日增重 1072 克,143 日龄达到 100 千克体重,背膘厚 12.49 毫米,眼肌面积 37 平方厘米,育肥期饲料转化率 1:2.35;群体无应激反应。

④父系 FH016:属皮特蓝类型,作父系父本。毛灰白夹有黑色斑块或夹杂少量红毛。身呈长方体型,背腰宽平,耳中等大小并微向前倾。与传统的皮特蓝猪相比,四肢粗壮结实,结构匀称,克服了应激反应强烈的缺点。母性特征也很明显,外阴部、奶头发育好,平均有效奶头 13.2 个。

性能:经产母猪产活仔 9.86 头,35~100 千克期间平均日增重 926 克,152 日龄可达 100 千克体重,背膘 9.93 毫米厚,眼肌面积 41 平方厘米,育肥期饲料转化率 1:2.6,群体无应激反应。

(3)父母代种猪

FH304(♂):这是由祖代 FH016(♂)和 FH019(♀)配种后所得,也可以采用反交的形式获得。两者之间无太大差异。其特点和性能:生长速度快、饲料转化率高、背膘薄以及胴体质量好;137 日龄可达 100 千克体重,从出生至出栏平均日增重 731 克;100 千克体重时背膘厚 8.34 毫米。

FH300(♀):这是由祖代猪 FH025(♂)和 FH012(♀)配种后所得,也可以采用反交的方式获得。两者无大的差异。其性能和特点:适应性好、繁殖能力强、胴体质量好;乳头 12~14 个,窝产仔 12.6 头;每头母猪年生产断奶仔猪 26.4 头,149 日龄可达 100 千克体重。

（4）终端商品代猪

伊比得配套猪有一个很大的特点，就是商品猪的生产可以采用以下3种模式：

FH304（♂）×FH300（♀）：被毛全白，肌肉丰满，体质结实，具理想的瘦肉猪体型。其生产性能水平如下：

育肥期平均日增重：999克；

育肥期饲料转换率：1:2.54；

瘦肉率高，肉质好，肌间脂肪28%。

祖代FHl6（♂）×FH300（♀）：被毛全白，肌肉丰满，体质结实，具备理想的瘦肉猪体型。其生产性能水平如下：

育肥期平均日增重：735克；

育肥期饲料转化率：1:2.75；

瘦肉率高，肉质好。

祖代FH019（♂）与父母代FH300母猪交配，商品猪被毛全白，肌肉丰满，体质结实，具备理想的瘦肉猪体型。

三、公、母猪的鉴定和选种、选配

41. 怎样进行公猪的鉴定和选择？

1头公猪在本交的条件下可以配20～30头母猪,而在人工授精的条件下可以数倍的增加,这些母猪随后可产生数百头,甚至上千头仔猪。因此,公猪对后代的影响是显著的。公猪的选择除了必须符合本品种的特征以外,具体要求有以下几点：

（1）生产性能表现

由于背膘厚度、生长速度、饲料转化效率和瘦肉率是具有中等到高遗传力的性状,因此被选为后备用的任何公猪都应当被测验以确定它在这些方面的性能。检验的方法和步骤是：①生长速度：测定20～100千克生长期平均日增重。②饲料转化效率：测定20～100千克阶段,每千克增重所消耗的饲料。③背膘厚：活体测量,用活体测膘仪或测膘尺测定体重100千克时的活体背膘,测定部位在肩胛后角上方、胸腰结合部和腰荐结合部,距背中线4～6厘米处,取3点测量数值的平均值。胴体测量用于同胞或后裔测验。一般用千分卡尺测量在左半爿胴体上6～7肋骨外的背膘厚度。④瘦肉率：活体估测,用活体测膘仪或经验公式估测90千克活重时的瘦肉率。屠宰后的猪煺毛、去血、去内脏后称为屠体。把去掉头、蹄和尾而保留肾脏和板油的屠体称为胴体。用左半爿胴体进行骨、肉、皮、脂的分离,求出瘦肉所占百分率,即为胴体瘦肉率,用公式表示如下：胴体瘦肉率（％）=（分离的瘦肉重/左半片胴体中骨、肉、皮、脂的总重）×100% 。

（2）身体结实度

种公猪身体结实是非常重要的,要求公猪头大额宽,胸宽深、背宽平、腿臀丰满、四肢健壮、体质结实。

（3）繁殖机能

对公猪繁殖机能的要求是:生殖器官正常,雄性性征表现明显,性机能旺盛,精液品质好。对公猪乳房发育也要给予注意。要求公猪具有正常的腹底线,以防公猪可能遗传诸如翻转乳头等异常底线给小母猪。还要淘汰那些单睾、隐睾或公猪母相以及没有性欲的公猪。

（4）性情温驯

42. 怎样进行母猪的鉴定和选择？

所选母猪必须满足以下条件:①180 天发情,易受精和受胎并产生大窝仔猪;②乳头 7 对以上,能够哺乳全窝仔猪;③体质结实,背腰平直,腹大,肢壮,行步稳健;④在背腰和生长速度上具有良好的遗传素质;⑤温驯。

后备母猪的选择标准包括乳房发育、身体结实度和生产性能。

（1）乳房发育

后备母猪最少须有沿着腹底线均匀分布且正常的 7 对乳头。后备母猪拥有的乳头数可在断奶前检查,但当其达到上市体重时,必须重新检查这些乳头的发育。当发现有瞎乳头,翻转乳头或其他畸形的应当予以淘汰。后备母猪的无效乳头在产仔后将明显降低哺育大窝仔猪的能力,从而大大降低断乳仔猪数。因此,乳房发育是种用后备母猪选择中的一个主要关注点。

（2）外貌结构和体质

必须从遗传学和耐受环境应激的能力来评价母猪的体质。具有身体畸形的后备母猪可能传递这些畸形给它们的后代。因此要求母猪体质结实、体躯深而长、四肢粗壮、外生殖器发育正常。

（3）生产性能

后备母猪要注意测定其肥育性能,包括日增重、饲料利用率等。在其参加配种以后,选择的重点要放到繁殖性能上。主要繁殖指标有:①产仔数,即母猪 1 窝所产出的全部仔猪数(包括活仔猪和死猪数)。母猪 1 窝产出的活仔数称活产仔数。②初生重,仔猪出生后 12 小时内称取的重量叫初生(个体)重。③泌乳力,全窝仔猪 20 日龄时的窝重称泌乳力,以此来反映母猪泌乳能力的高低。④断奶仔猪数,断奶时(28 日、35 日、49 日和 56 日)全窝所存活的仔猪数。⑤断奶窝重,指断奶时全窝仔猪的重量之和。⑥哺育率,即断奶仔猪数占活产仔猪数的百分比,它反映母猪的带仔能力,对发情症状不明显、配种受胎率低、产仔数少、哺育率差、断奶窝重小的母猪要予以淘汰。

（4）补充选择

为了提高选种的准确性,除了根据公母猪本身的信息进行评定外,还要根据其祖先、同胞和后裔所能提供的信息资料进行补充选择。一般而言,亲属记录的贡献对很低遗传力的性状是重要的,因为个体本身的性能不是其遗传价值的准确预测因子。这些性状受环境的高度影响,因此需要更多的信息,而不仅仅是个体本身的性能。

43. 什么是公、母猪的选配？选配的方法有哪些？

选配就是选择合适的公、母配偶进行交配，以产生符合要求的、理想的后代。通过选种可以获得优良的公、母种猪，但要获得更为理想的优良后代，还要做好选配工作，选种不能代替选配。选配的方法有：

(1) 品质选配

就是考虑交配双方品质对比的选配。品质包括遗传品质、体质外貌和生产性能等。品质选配又可分为：①同质选配，也称选同交配，是指选择相同表现的优秀公母猪进行交配，以期在下一代中获得与父、母相似的后代。利用同质选配一方面可使双亲的优良性能稳定地遗传给后代，另一方面可增加猪群中优秀个体所占比例，提高全群的生产水平。②异质选配，也称选异交配，一般可以分为2种情况：一种是选择具有不同优良性状的公、母猪进行交配，以获得兼有双亲不同优点的后代。如1头臀腿丰满的公猪与1头体躯较长的母猪配种，后代中可能会出现臀腿既丰满、体躯又长的个体。另一种是选择同一性状，但优势程度不同的公母猪进行交配（一般公猪优于母猪），希望后代性能得到较大提高，在猪的育种实践中，利用异质选配，可创造新的类型。

(2) 亲缘选配

根据交配双方的亲缘关系远近程度进行的选配叫亲缘选配。如双亲有较近的亲缘关系（共同祖先的总代数在5代以内）就叫近亲交配，简称近交。反之，叫非亲缘交配，简称远交。当猪群中出现个别特优个体时，为了尽量保持这些优秀个体的特性,固定其优良性状常采用近交。但近交降低繁殖和生产性能,对窝产仔数和存活力影响最大,其次是增重速度、饲料效率,但胴体形状几乎不受影响。与性状的遗传力相反,一些高遗传力的性状(如背膘厚)表现出较小的近交效应;而一些低遗传力的性状(如窝产仔数)对于近交的反应却最大。因此一般繁殖群和商品猪场不用近交。但在配套系猪曾祖代的繁殖中,必须适当地使用亲缘选配,以达到优良性状的同质化。

44. 种猪的选择步骤是什么?

(1)选留——断奶时的选择

由于断奶时许多性状还没有表现,所以选择的主要依据是双亲的品质,同窝仔猪的整齐度,本身的生长发育和体形外貌等。主要的依据是系谱记录及个体表现。选留数量依据种猪的更新率来定。种猪更新数和小猪选留数之比,母猪为1:3,公猪为1:5以上。

(2)选出——6月龄时的选择

此时是猪生长发育的转折点,许多品种这时的体重超出90千克,即将参加配种。这一阶段选择的依据是本身生长发育的成绩和"同胞"测验的成绩。"选出"要严格进行,对不符合要求的要坚决予以淘汰。

(3)选定——头胎母猪的选择

经前2步选择后,留下来的都是系谱、生长发育和体质外貌较好的个体。在配种产仔以后,选择的主要依据是本身的繁殖性能以及其后代的性能表现。所以这一阶段的选择方法是个体选择加后裔测定。这时对猪的"选定"和淘汰要特别慎重,一般只对性能过差的个体淘汰,若大量淘汰势必会造成较大的经济损失。

四、猪的经济杂交

45. 什么是经济杂交？什么是杂种优势？怎样衡量杂种优势？

经济杂交是指不同品种或不同品系之间的相互交配，以便产生出比原有品种、品系更能适应当地条件和高产的杂种。

一般来说，杂种猪大都会集中双亲的优点，具有生命力强、繁殖力高、生长快、饲料利用率高、体质健壮、抗病力强、易于饲养等特点，在一定程度上优于其杂交亲本，这就是常说的杂种优势。经济杂交的目的是最大限度地利用杂种优势，提高猪的生产性能和养猪的经济效益。

不同品种或不同品系杂交，所获得的杂种优势往往不同，一般用杂种优势率来衡量杂种优势的程度。计算公式为：

杂种优势率（％）＝（杂一代平均值－双亲平均值）／双亲平均值×100％

46. 杂种优势的表现规律是什么？

（1）品种不同，优势不同

①杂交亲本品种的地理条件和育种历史之间的差异越大或血缘越远，或类型差异越大，杂种所表现出的优势就越大。

②杂交亲本品种的纯度越高、遗传越稳定，杂种优势的

表现越大、越整齐。

③母本品种的繁殖力对杂种影响大，即表现出母体效应。

（2）性状不同，优势不同

遗传力低的性状，包括生活力、健壮性、产仔数、泌乳力以及断奶窝重等，杂种优势大。遗传力中等的性状，如日增重和饲料利用率等，杂种优势中等。遗传力高的性状，如背膘厚度、胴体瘦肉率等，杂种优势小。

（3）杂交方式不同，优势不同

杂交的方式有许多种，每种方式所能获得的杂种优势也不相同，就我国应用最广的二元杂交和三元杂交来说，三元杂交一般比二元好。配套系猪种的杂交优势比三元杂交猪好。

47. 如何选择杂交亲本？

（1）父本品种的选择

对杂交父本的要求是生长速度快、饲料利用率高、胴体品质好、瘦肉率高、性成熟早、精液品质好、配种能力强、能适应当地条件者。

具备这些特性的一般是高度培育的品种，如长白猪、大白猪、杜洛克和汉普夏猪等。

（2）母本品种的选择

对杂交母本的要求是数量多、分布广、适应能力强、繁殖力高、母性好、泌乳多。我国绝大多数地方猪种和培育猪种都具备作为母本品种的条件。

各地应根据当地的条件，选择地方优良猪种或国内外的培育猪种作为母本。至于选用什么品种作为父本,要进行杂交组合试验,筛选出配合力和杂交优势最好的 1～2 个品种来使用。

另外,值得注意的是,我国地方猪种的培育程度相对较差,同品种个体间的性能差异很大,造成杂种后代的性能也不一致。因此要求获得性能整齐一致的商品猪,就必须对作为母本的地方猪种不断地进行选育提高。

48. 经济杂交有哪些方式? 其效果如何?

经济杂交的方式很多,大体可分为 2 品种(二元)杂交,3 品种(三元)杂交,多品种杂交,2 品种轮回杂交,3 品种轮回杂交,多品种轮回杂交,双杂交和专门化品系杂交等。在我国常用的是两元和三元杂交。

(1)二元杂交

二元杂交也称简单杂交,就是用 2 个品种猪进行杂交。一代杂种全部作为商品育肥猪,其杂交模式如下:

A ♂ × B ♀ → AB(育肥猪)

二元杂交的特点是简单易行,且能获得较高的杂种优势。

(2)三元杂交

三元杂交是将特定的 2 品种杂交的杂种一代作为母本,再与第 3 品种的公猪交配,产生的后代都作为商品育肥猪,其杂交模式如下:

A♂ × B♀

↑

（第一父本） ↓

AB♀ × C(第二父本) ABC(育肥猪)

↓

ABC(育肥猪)

三元杂交的优点是既能获得三元杂种后代的杂种优势，又能获得二元杂种母猪所具有的母体杂种优势。但这种方式需要饲养 2 个父本品种，且在组织实施上比较复杂困难。

（3）二元与三元杂交效果比较

一般说来三元杂交效果比二元杂交好，这主要是因为三元杂交的母本就是杂种一代，具有杂种优势；再进一步与第二瘦肉型父本公猪杂交，这样既发挥了父本高性能的作用，又充分利用了母本杂种优势的缘故。

表 1 列出了我国各地所进行的二元和三元杂交的部分结果。据测定，用外来瘦肉型猪种与我国地方猪种进行二元杂交，杂种猪在生长速度、饲料利用率和瘦肉率方面的平均杂种优势率分别为 5% ~ 10%、13% 和 2%。三元杂种除了具有上面的优势外，在产仔数、断奶仔猪数和断奶窝重方面也有明显的优势，分别为 8% ~ 10%、25% 和 45%。但值得注意的是，不是任何地区、任何情况下三元杂交都比二元杂交好。三元杂种虽然生长快、瘦肉率高，但适应性较差，对饲养管理条件要求高。另外，组织三元杂交需要建立比较完整的杂交繁育体系。因此，在气候条件和饲养管理条件不太好的地区，或者尚未形成繁育配套的地区，宜先推广二元杂交，随着条件改善和养猪事业的不断发展，逐步推广三元杂交。

表1　二元及三元杂交效果

父本品种	母本品种	产仔数（头）	初生重（千克）	60天断奶窝重（千克）	平均日增重（胴克）	6～7肋膘厚（厘米）	胴体瘦肉率（%）
杜洛克	上海白				655	2.99	60.71
杜洛克	关中黑				585	2.35	64.34
杜洛克	汉中白	10.7	0.9	131	642	3.25	57.20
杜洛克	荣昌				550	3.06	56.72
杜洛克	东山				574	4.35	51.26
大约克	内江	10.0	0.8	95	470	4.3	46.0
大约克	太湖	13.5	1.0	110	520	4.0	48.2
大约克	民猪	13.6	1.0	105	490	4.0	47.5
大约克	北京黑	10.8	1.3	135	580	3.5	51.4
大约克	上海白	10.7	1.4	150	600	3.0	53.7
大约克	金华	10.2	0.9	98	500	4.2	48.7
大约克	关中黑	11.8	1.0	119	705	3.53	56.15
长白	民猪	12.5	1.00	121	500	4.0	47.0
长白	上海白	10.8	1.40	170	600	3.0	54.0
长白	金华	11.4	1.00	100	480	3.8	48.9
长白	荣昌	10.0	1.10	105	495	3.7	50.0
长白	宁夏黑				592	3.35	52.93
长白	河套大耳					3.53	42.78
汉普夏	宁夏黑	12.2	0.9	136	585	3.20	54.78
汉普夏	关中黑				586	3.60	57.61
杜洛克	哈白				558	3.27	57.42
杜洛克	新金猪				590	3.08	54.91
杜洛克	崂山				708	3.16	55.55
杜洛克	长×关杂				517	2.28	58.38
杜洛克	长×上杂				621	2.91	63.53
长白	约×金杂	11.8	1.2	150	630	3.1	55.0

（4）猪的配套杂交

配套猪的理论基础是杂种优势的产生和利用。首先，要选择、培育曾祖代原种猪，可以是几个著名的瘦肉型猪种，或其优选的杂交种。曾祖代原种猪由 2～3 个母系和 1～2 个父系品系组成。其次，繁育祖代猪。第三，由祖代繁育父母代猪。第四，由父母代繁育商品代猪。除曾祖代外，每代猪都是杂交种，所以可以获得更稳定的杂种优势。

五、母猪的配种、怀孕和产仔

49. 简述母猪的性周期

达到性成熟阶段(135～251日龄)的母猪以18～21天的间隔相当规律地发情。从这一次发情期开始到下一次发情期开始的间隔通常为21天，称为发情周期。它是由来自卵巢的激素(雌激素和孕酮)直接控制以及由来自垂体前叶的激素(促卵泡素、促黄体素和催乳素)间接控制。发情(或性)周期可以划分为以下几个明显的阶段：

（1）发情前期

在来自垂体前叶的促卵泡素和促黄体素的刺激下，卵泡开始在卵巢中生长。卵泡生长又导致较高产量的雌激素。这些雌激素被通过卵巢的血液吸收。雌激素促进生殖道的血液供应，造成从阴门到输卵管的水肿(肿胀)，水肿过程在整个管道，尤其在子宫中加快。阴门肿胀到一定程度，前庭变得充血(变红)，子宫颈和阴道的腺体分泌一种水样的、稀薄的阴道分泌物。发情前期大约持续2天。在这个阶段，母猪通常变得烦躁不安，失去食欲和好斗。如果公猪在临近的圈舍，母猪通常要寻找公猪。

（2）发情期

这是性要求的时期。它是雌激素对身体中枢神经系统起作用而引起的母猪全身反应的结果。母猪发情持续40～70小时，排卵发生在这个时期的最后1/3（即96～113小时）。排卵过程大约持续6小时。交配的母猪比未交配的母猪排卵大约要早 4 小时。发情前期母猪试图爬跨并嗅闻同圈伙伴，但它本身不能持久被爬跨。母猪尿和阴道分泌物中含有吸引和激发公猪的性激素。

一旦公猪发现发情的母猪，就进行求偶活动，用鼻子拱或发出大量的声音交流（吼叫、呼噜）。公猪有节奏地频频排尿，并用鼻嗅闻母猪的尿和生殖器官。最后母猪通过保持一种站立姿势（静立反应）来对公猪的爬跨做出反应。母猪做出频频的发情吼叫，并竖起耳朵。在这个阶段很难赶动母猪。

静立反应可用来检查母猪的发情。发情的母猪在公猪在场的情况下，将允许一个人坐在它的背上。另外，阴门红肿给出即将发情的一个信号，尤其是青年母猪。当进行人工授精时，公猪出现在圈栏对面可增强静立反应。

（3）发情后期

紧跟在"静立发情"之后，便是发情后期。排卵通常发生在发情结束和发情后期开始，一旦排卵，血块充满卵泡腔，黄体细胞开始快速生长，这是黄体细胞形成和发育的阶段。即使黄体没有完全形成，卵泡腔中的这些新细胞已开始产生孕酮。促卵泡素（FSH）和促黄体素（LH）和雌激素恢复到基础水平。生殖道的充血消失，腺体分泌变得有黏性，但数量有所减少。发情后期大约持续 2 天。

在发情后期，排出的卵被输卵管接收后送到子宫与输卵管接合部。受精发生在输卵管的上部。如果没有受精，卵子就开始退化。受精的和未受精的卵在排卵后大约 3~4 天都进入子宫。

（4）休情期

母猪发情的下一个和最长的时期是休情期，也是黄体发挥功能的时期。黄体发育成一个有功能的器官,产生大量的孕酮(以及一些雌激素)进入身体的总循环并影响乳腺发育和子宫生长。子宫内层细胞生长,其腺体细胞分泌一种薄的黏性物质滋养合子(受精卵)。如果合子到达子宫,黄体在整个妊娠期继续存在。如果卵子没有受精,黄体只保持功能,大约16天,届时溶黄体素(一种前列腺素)造成黄体退化以准备新的发情周期。在第17天后,几个小时的促卵泡素(FSH)和促黄体素(LH)释放高峰就引起卵泡生长和雌激素水平上升。休情期大约持续14天。

50. 如何选择母猪的最佳配种时间?

据报道,在发情(静立发情)前1天配种的母猪,只有10%受精,在发情第1天配种的母猪有70%受精,在发情第2天配种的母猪有98%受精,在第3天配种的母猪(那时大多数母猪处于发情后期)只有15%受精。显然,应该在发情第2天给母猪配种,但因为这并不总能做到,所以实际方法是在第1次观察到静立发情(在公猪存在时)之后,延迟12~24小时进行第1次交配,随后经过8~12小时再进行第2次交配。

如果在公猪不在场的情况下检查出静立发情,则母猪已经超过了输精的最适时间。在这种情况下,应当最快地实施第1次输精(配种)。

51. 如何使用公猪刺激和诱导青年母猪发情?

用公猪最大限度地刺激青年母猪,是获得较高发情率和受胎率的先决条件。直接使用公猪暴露法去刺激青年母猪

成熟或使用试情公猪去刺激青年母猪成熟,都是青年母猪初情期刺激的确实而最有效的方法。其具体方法如下:

①在65~75千克时选择有潜力的青年母猪。

②安置和混合青年母猪在猪圈的适当空间内,慢慢地训练青年母猪。

③在使用公猪刺激之前至少1周(也就是在青年母猪混合后的2周),保证最大的饲料摄入。

④在公猪圈内,将青年母猪放入成年公猪中(至少是9月龄的公猪)每天20分钟,记录日期和所发生的表现。

⑤如果可能的话,在第1个发情期使用试情公猪和允许没有授精能力的公猪与青年母猪交配。

⑥按照第2情期适于屠宰的体重和最早能被配准的机会,来选留青年母猪,被淘汰的青年母猪可以销售。

⑦在青年母猪配种以后,对青年母猪应给予独特的饲喂,要求每天饲喂的饲料量不超过2.5千克。在妊娠后的前2周内,高水平的饲养导致胚胎的死亡率提高10%。

52. 怎样做好猪的人工辅助配种?

人工辅助配种就是在人和辅助设备(例如配种架)的协助下,完成公母猪之间的交配。

要做好猪的人工辅助配种,必须确定公猪的适配能力,并有足够的公猪确保母猪的配种。一般地,1头育成公猪在4周的配种期间能够单圈配种8~10头育成母猪;1头成年公猪可配10~12头,不要将1头未配过的育成公猪与一群刚断奶并开始发情的成年母猪混在一起。因为在这种情况下小公猪可能被伤害,以至于逐渐失去配种兴趣。

当同时离开分娩舍的一群母猪配种时,要准备足够数量的公猪,因为这些母猪都可能在断奶后 4～7 天内发情,有可能所有母猪会在同一天发情。确定猪群需要的公猪数量,要根据每周需要的配种次数而不是每头公猪的平均母猪数来考虑。一条主要规则是要有与每周断奶母猪数同样多的公猪。

1 头青年公猪(8.5～12 月龄)可以人工辅助交配 1 天 1 次或每周 7 次,而 1 头成年公猪(超过 12 周龄)可 1 天配种 2 次,但每周不应超过 10 次。在单圈配种的条件下,有些公猪将与处于发情期间的 1 头经产母猪或育成母猪配种几次。

53. 人工辅助配种的优点是什么?

①当大量的母猪要配种时对公猪的压力不大;

②需要较少的公猪。在连续分娩体制下,每 20 头母猪有 1 头公猪是完全足够的;

③借助配种架,人工辅助交配使青年母猪能与老年公猪配种,或老年母猪能与青年公猪配种;

④母猪如在水泥或条缝地板上配种,只有借助人工辅助交配才能获得满意的受孕水平;

⑤更容易知道配种日期,可以确保每头母猪都配种 2 次。

54. 母猪人工授精的优点是什么?

①通过新鲜精液和冷冻精液人工授精,可以大大提高优秀公猪的利用率;

②杜绝引种过程中的疾病传播机会;

③在减少公猪饲养量的条件下通过冷冻精液的交流,实施地区性的杂交育种计划;

④降低成本。

55. 怎样进行人工授精?

(1)稀释液的配制

稀释液的配制分2步:

第1步:缓冲液 2.1 克 $NaHCO_3$,加 42.9 克葡萄糖,溶于 1000 毫升蒸馏水中。

第2步:(按容量%计)

①上述缓冲液　80%

②卵黄　20%

③青霉素(单位/毫升)　1000

④链霉素(微克/毫升)　1000

(2)公猪的采精

①授精人员戴橡皮手套,手套上擦抹石蜡油进行润滑。

②让公猪爬跨假台猪,采精员蹲于公猪右侧,以左手拳握式按摩公猪阴茎龟头,右手拿集精杯。

③采精时间要长(一般要 5 分钟)并用左手给螺旋状的阴茎末端施以压力,可产生一种"阴茎约束感"而引起公猪射精。公猪一旦射精,常保持安静状态,直到射精完毕。减轻对阴茎龟头的压力,会使公猪射精中断,并重复抽送动作,此时会射出精清和胶冻物。

④公猪所射的精液由 3 部分组成。第 1 部分,"精子前"部分,主要包括含有细菌数较高的精清和来自精囊腺的颗粒状胶冻物。这种物质在交配时有封闭母猪子宫颈的功能。

在采集到精子浓厚部分之前,最好将"精子前"部分弃去。第2部分,精子的浓厚部分(即含有较多的精子)。第3部分,精清部分,也会有一些胶状物,此胶状物(约占20％)可以在采精当时弃去,或用过滤器将其滤掉。一般公猪只有1个浓厚部分,但有的公猪可射出2个或3个浓厚部分,并间隔着排射精清部分。

（3）精液的稀释和保存

过滤后的精液浓厚部分立即在高温条件下用上述稀释液进行4倍稀释。稀释后缓缓降温,并在5℃温度下进行保存。

（4）输精

①在给输精枪装入精液之前要检查母猪的"静立发情"。

②插入输精枪之前,温和地按摩母猪侧面以及对其背部和腰角施加压力来刺激母猪,输精期间有1头公猪在母猪前面或旁边来诱导母猪安静地站着是有利的。

③清洗母猪外阴部。

④用石蜡油润滑输精枪尖端,打开阴唇,插入输精枪,向内、向上进入阴道。推进输精管直到感觉到一些阻力为止。逆时针转动导管直到它锁住子宫颈。当获得很好的锁定时,轻拉导管而不取出导管。然后轻压管子,以使精液流进母猪的生殖道。输精要缓慢,一般需15分钟。输精期间,温和地增加对母猪下侧部和腰角的刺激,输精完成后,让母猪安静地停留在正常环境中几小时,然后再让母猪离开配种场。

⑤每次输精剂量为50毫升,活精子数不少于2000万,精子活率65％以上。

56. 如何提高母猪的受胎率?

提高母猪的受胎率,不仅关系每头母猪年平均产仔窝数和每年每头母猪的产活仔猪数,而且关系着育种改良计划的实施和生产者可能实现的经济效益。据估计,在一般的生产条件下,头胎母猪的空怀率是 20%～25%,经产母猪的空怀率是 12%～14%。因此,提高猪的受胎率是养猪场最现实、迫切的任务之一。

(1)提供育成母猪与公猪的接触机会,促进育成母猪的发情和排卵

当育成母猪达到 7 月龄或 114 千克体重时,就应当与 1 头或几头公猪接触。试验表明,12 头从 170 天左右开始接触公猪的育成母猪在 10 天以内有 11 头表现发情;而不接触公猪的育成母猪到了 220 日龄时,12 头育成母猪只有 7 头表现发情。

公猪通过视觉、声音、嗅觉和身体接触促进育成母猪达到初情期。身体接触是其中最重要的。如果在与 1 头公猪接触的 10 天内,育成母猪仍不显示发情,则宜更换另 1 头公猪,最好是成年公猪。接触具有强烈气味的成年公猪对诱导育成母猪发情更为有效。当育成母猪达到其第 2 个或第 3 个发情周期时,可用 1 头较年轻的公猪来配种。

但是,如果过早的(不足 70 千克)用公猪进行刺激发情,就可能造成育成母猪"习惯"公猪,因而影响发情。即使发情,但如果配种过早,也会影响 1 胎母猪的产仔数和仔猪初生重(见表 2)。

表2　育成母猪的体重和繁殖性能

	第1次发情配种	第3次发情配种（较早的）	第3次发情配种（较晚的）
体重（千克）	77.10	96.50	115.80
产仔数（个）	7.90	9.30	9.90
仔猪生重（千克）	1.15	1.23	1.23

为了提早母猪的初情期,可以采取的方法:①将育成母猪转移到一个新的猪栏或猪圈(舍);②在陌生的环境中与陌生的育成母猪混在一起;③令其接触1头成年公猪;④要给育成母猪提供0.75平方米的空间,每一圈舍不超过8~10头育成母猪。采用这种方法的原理是诱发母猪产生应激激素,从而刺激其发情。

此外,还可让成年公猪进入母猪圈中,每天直接接触半小时到1小时直到观察到有反应为止。但一般需在第2或第3情期配种。

（2）采用营养催情法提高经产母猪的发情率、受胎率和产仔数

由于母猪哺乳期大量的物质消耗,身体一般消瘦(失重40~45千克)因而影响卵细胞的成熟、排卵数和受精卵的发育,最终将影响窝的大小以及窝所产活仔猪数。试验表明:①能量采食量(千卡/天;代谢能)越高,额外成熟卵细胞越多,反之亦是;②富能饲料喂后出现发情天数长短不一(从0~1天到17~21天),但额外排卵数以11~14天为最多(2.23个)。营养催情可有效提高体况较差母猪的排卵率。

为了进行营养催情,除了给母猪喂基础日粮外,从配种

前的 2 周到配种后的当天,每天增喂 1.5～2.5 千克富含矿物质、维生素、蛋白质和能量(含粗蛋白质 15%～20%,可消化能 2860～3300 千卡/千克)的精饲料。在配种的前 1 周,应增加维生素喂量,每天口服或皮下静脉注射 50 万国际单位的维生素 A、5000 国际单位的维生素 D_3 和 50 毫克的维生素 E,必要时适量饲喂复合维生素 B。

母猪配种以后必须进行限饲。试验证明,配种后如果继续采用高能饲养,就会增加活卵细胞和胚胎的死亡率。

(3)采取系列管理措施,促使母猪发情

①诱情:用试情公猪追逐久不发情的母猪,通过公猪的接触、爬跨等刺激,促使母猪发情。

②并圈群养:将久不发情的母猪与正在发情的母猪合圈饲养,有利于发情。

③控制哺乳次数或实施早期断奶:在训练仔猪开食后,可以隔离母仔,控制哺乳次数或实施早期断奶,母猪多在控制哺乳后的 6～9 天以内开始表现发情。

④激素催情:可用孕马血清 800～1000 单位 1 次肌肉注射,约 4～5 天后开始发情,再注射 800 单位绒毛膜促性腺激素,即可配种。

⑤控制环境温度:促进母猪发情,如果母猪在排卵阶段或者怀孕期受到热应激,对于受胎率、出生活仔数/窝,以及死胎均有很大的影响。因此,盛夏时期,必须给猪体喷洒凉水或让猪在冷水中浸泡以降低体温。气温过高还可能降低母猪的性机能,出现不发情或者隐性发情的现象。

57. 怎样提高母猪的产仔率?

(1)公猪在场和合适的配种时间确保有足够数量的卵子

受精

①公猪在场:公猪在促进母猪交配姿势中的作用是主要的。在没有公猪在场的情况下,只有大约50%的发情母猪对饲养员的骑背反应正常。当公猪存在时,或者公猪能被母猪听到或嗅到,这个比例增加到90%以上。公猪的唾液中含有一种有气味的性外激素,这种气味引起发情母猪做出交配姿势。

公猪射出的精液一般通过松弛的子宫颈管道沉积到子宫中。配种时,母猪的垂体腺分泌出催产素,引起子宫有节奏的收缩。这些收缩帮助精子被运输到输卵管以待成熟卵泡释放卵子。当1个精子结合1个卵子形成合子时,受精就发生了。

为了保证有更多的精子和卵子结合,交配持续时间要达到10~20分钟。

②合适的配种时间:卵子从卵巢释放后大约6小时内都可以受精。正常的、新鲜的公猪精子可以在母猪生殖道存活24小时。因此,第1次配种应当在静立发情开始后12~16小时完成。如果在发情后很早就配种,精子到达输精管太早,在卵子排出之前(通常在静立发情开始后38~41小时)精子可能已经死亡,如果在发情周期中很晚配种,卵子将老化(超过6小时),引起多个精子细胞进入,称为"多精子卵"状态,这样的结合将失败。因为在72小时的发情期中,要准确识别何时排卵是困难的,因此如果第1次配种太早,第2次配种应延迟12~24小时。

(2)做好妊娠期的保胎工作

母猪排卵以后,在卵泡所在地方形成黄体,这些黄体产生助孕激素,在妊娠期间一直维持着胚胎的生长和发育。这种出生前的发育在母猪中大约114天完成。虽然每1个合子有可能发育成1个新个体,但一般只有55%~60%的合子分娩产生活仔猪。因此,必须做好妊娠期的保胎工作,以提高母猪的产仔率。

58. 猪胚胎的发育过程划分为哪几个时期?

胚胎的发育可以划分为3个时期:

(1)附植前期

妊娠的头2周期间,受精卵从输卵管移到每个子宫角,在那里它们自由运动直到第12天。从12天到18天合子自动分开,定植于各自在子宫中的最后位置上(附植)。在大多数情况下,如果在这个时间小于4个卵子存活,则黄体将退化,母猪再次发情。只产1头仔猪的情况有可能是其他胚胎在关键时间(12~18天)还是存活的,但以后死亡了。猪的胚胎死亡损失特别高,损失的大部分发生于附植前这一阶段。如果整窝猪在大约18天后死亡,则母猪生殖系统对这种损失似乎没有表现,好像继续妊娠一样,几周仍不见发情。这些高损失的原因,一般认为,到了妊娠晚期子宫拥挤是影响胚胎存活率的一个主要因素。

(2)胚期

这个时期持续到妊娠的3~5周,其特点是器官和身体各部分初步形成。在这个时期,外胎膜(胎衣)形成,并用来保护和滋养胚胎。膜与子宫壁紧密相连,但并非物理附着。养分和氧气通过胎膜运送到胚胎。废物也通过胎膜排出。

大多数的先天性畸形,例如裂腭和锁肛是在这个时期由于发育受阻而形成。

（3）胎期

胎期从第36天开始，这时每一个胎儿的性别变得可以识别，中轴骨骼开始形成，一直继续到大约114天出生。60天左右，胎儿形成自己的免疫能力以抵抗轻度感染。与死胚不同，死亡的胎儿很少被重新吸收。相反，它们发生木乃伊化。当出生时，它们具有黑褐色或黑色皮肤以及凹陷的眼睛。表3扼要列出猪胎儿在妊娠各个阶段的发育。

表3　各个阶段猪胎儿的长度和重量

妊娠后天数（天）	30	51	72	93	114
长度（厘米）	2.5	9.8	16.3	22.9	29.4
重量（克）	1.5	49.8	220.5	616.9	1040.9

59. 影响猪胚胎发育的主要因素有哪些？

（1）温度和湿度

在炎热夏季配种的母猪，其受胎率和产仔数有所下降，而在冬季和早春配种的母猪两项指标达到最高峰。经受高温（大约35℃）时期的公猪经2～3周以后会产生劣质的精液，因而降低受精力，经常会降低母猪的受胎率和产仔数。直到55～60天以后，精子质量才恢复到正常。如果提供遮阴和喷水来辅助降温，则公猪的配种力可维持在能够接受的水平。只有在通风良好以及相对湿度低于70%的情况下，喷水才有效。

母猪在发情前或发情期间不会受到热应激的不利影响。可是附植阶段（配种后12～18天）的高温会显著减少活胚数。因此，较高百分率的母猪由于胚胎损失而可能重新发情。如果分娩时存在极高的温度,则产死猪的数目会增加。

寒冷的温度对受胎率或胚胎存活没有不利影响。除非阴囊受冻伤。寒冷温度也不妨碍精子产生和精液质量。

(2)圈舍

妊娠期间圈舍类型不影响分娩率、产活仔数或产死仔数。可是,在一些情况下,当母猪被成群圈养时,由于混群和争斗而引起的应激可能增加胚胎死亡。

(3)母猪采食量

在妊娠期间母猪高水平的采食量对产仔数或仔猪初生重几乎没有影响。但高采食量使母猪变肥,可引起妊娠早期更多的胚胎死亡。在妊娠末期增加采食量能够增加仔猪初生重。最近的研究表明,妊娠的最后1周内额外的采食量将阻止母猪的体况下降和减少脂肪贮存,从而免除哺乳期间采食量的不良趋势。

60. 妊娠期母猪限制饲喂有何好处?

对于妊娠母猪来说,每天饲喂 1.8～2.7 千克饲料是令人满意的。饲料摄入量过高的母猪变得过肥,窝产仔数实际上会减少。每增加 1 千克饲料,经产母猪和初产母猪体重增加 13 克。由于高水平饲料的摄入并不能增加窝产仔数和初生重,所以可以通过限制妊娠期母猪饲料摄入量来达到节约饲养成本的目的。

妊娠期限制饲喂的好处:

①可以增加胚胎的存活;

②可以减轻母猪的分娩困难;

③减少母猪压死初生的仔猪;

④母猪在哺乳期体重损耗减少；

⑤饲养成本显著降低；

⑥乳房炎的发生率减少；

⑦会延长繁殖寿命。

研究表明，妊娠期饲料消耗量和哺乳期饲料消耗量二者之间是相反的关系，意味着当妊娠期饲料摄入量增加，哺乳期饲料摄入量就减少。这个发现是很重要的，在哺乳期，通过增加饲料的摄入量，可使奶产量达到一个较高水平。奶产量的增加能够提高哺乳小猪的生长速度。因此，为了在哺乳期使母猪能有最大的产奶量，就得控制母猪在妊娠期饲料的摄入量。

61. 怎样进行妊娠期母猪限制饲喂？

控制母猪在妊娠期饲料摄入量的方法中，使用单独饲喂高能量日粮、隔天饲喂、日粮稀释法（自由采食高纤维日粮）、电子母猪饲喂系统等管理制度，能够成功地控制母猪在妊娠期的能量摄入量。

（1）单独饲养法

利用妊娠母猪栏，单独饲喂，最大限度地控制母猪饲料摄入。这种方法能节省相当大的饲养成本。另外，避免了母猪之间相互抢食、撕咬，减少小猪出生前死亡率。然而，除非使用自动饲喂系统，这种饲喂方法是非常费劳动力的。

（2）隔天饲喂法

在这个系统当中，母猪按照预先制定的计划表，允许去自由采食器进行自由采食。在1周的3天中，平常的工序是允许母猪可以通过自由采食器自由采食8小时，在1周的剩余4天中，母猪可以通过1个入口去饮水，但不给饲料。

尽管前面介绍了这个方案,但如果饲料的消耗量过大,则可限制母猪每天的采食时间少于 8 小时,或者每周只采食 2 天。

从研究资料看,母猪很容易适应这个系统,母猪的繁殖性能没有降低。采用人工饲喂法每天饲喂 1.8 千克饲料,或者采用隔天饲喂法,母猪所消耗的饲料数量是相同的。当母猪不进行限制饲喂而自由采食,和控制采食法相比较,饲料成本有很大区别,但繁殖性能没有很大差别。

隔天饲喂法,要求仔细而且稳定的管理。其中 1 个主要的要求是提供充足的饲喂空间。最好能够做到每头猪有 1 个饲槽位置,母猪群的规模应限制在 30 ~ 40 头之间。过多的母猪在一起饲喂或者是 1 个群体中母猪过多,可以导致母猪过度的咬斗行为。在猪自由采食时,要注意不要让饲喂时间过长或过短。如果难以保住母猪的理想体况,那么这个饲喂应重新评估或者终止。由于控制单个母猪和影响母猪的福利,这个不推荐作为猪的集约化饲养方法。

(3)日粮稀释法

控制母猪采食的第 3 种方法是稀释日粮,即掺加高纤维素饲料使母猪可以经常自由采食。苜蓿干草、苜蓿草粉、铡碎的秸秆和燕麦糠都能够使用。这个系统比其他系统减少劳动力,但是它又是一个很难令人满意的方法,因为母猪的维持费用较高,而且就是用低能量的饲料也很难防治母猪过肥,另外,磨碎高纤维饲料会带来一些问题,这种饲料易于在自动喂料器中出现"搭桥"现象。

(4)母猪电子饲养系统自动饲喂器的使用

这个系统使用了电子饲喂站去自动供给各母猪预定的饲料量。计算机控制饲喂站,通过母猪耳标上的密码或母猪颈圈上的传感器来识别母猪。当母猪要采食时,它就来到饲喂站,计算机就分给它每天饲料中的一小部分。

母猪电子饲养系统是迅速转变技术的一部分。目前这个系统提供一批设备和程序的设计。此系统可以使用一系列营养方案(如:小母猪的饲养,瘦母猪的饲养,正常母猪的饲养或较肥母猪的饲养)和饲喂方式(饲喂颗粒料或湿粉料,饲喂干饲料、加水料或完全液体料)。

62. 母猪的分娩经历几个过程?

(1)怀孕末期

即将分娩的母猪行动比较迟缓;分娩前的2~3周(头胎母猪6周),乳腺明显增大、水肿,阴门浮肿、潮红。

(2)准备分娩阶段

①行为:分娩前4天(特殊情况下7~12天)母猪表现不安,衔草建巢,背腰伸长。

②解剖和生理特点:乳腺明显增大,在分娩前6天,乳腺泡上皮细胞活动。分娩前48小时水样乳汁开始分泌,酸性的、富含蛋白质的初乳变为碱性的初乳。产前2~3天,腹壁和骨盆韧带放松,乳腺和阴道水肿。分娩前6~7小时(最长为24小时),乳头中流出白色、胶状的初乳,乳头变硬。阴道中排出清淡、稀薄的分泌物。分娩期间体温上升0.3~0.4℃。

(3)分娩阶段

①行为表现:开始分娩后1~3小时,母猪变得较安静,平平地躺卧,但有痛苦表现。当胎儿通过开张的骨盆时,母猪背腰伸直。胎儿娩出以后母猪尾巴摇动。在分娩时母猪经常变换躺卧位置,因而有压死仔猪的危险。

②解剖及生理特点:产道开放性收缩以 2 ~ 4 分钟的间隔进行。胎膜在子宫或阴道中破裂。羊膜液 150 ~ 240 毫升,羊水 150 ~ 280 毫升(个别情况下可达 400 毫升)。在胎儿的娩出阶段通过压力作用而维持子宫收缩。分娩历时 2 ~ 6 小时,从 1 ~ 6 窝逐渐延长,6 窝以后缩短。2 头仔猪出生的间隔为 5 ~ 15 分钟(最长可达 30 ~ 230 分钟)。在拖延分娩的情况下,(超过 12 小时)难产胎儿的数量增加。约有 70% 的仔猪出生时带有完整的脐带,随着生后的运动而被扯断。据统计,60% 的仔猪是在下午和夜晚(直到半夜)出生的。

(4)分娩以后的阶段

①行为表现:母猪立即站起(有压死仔猪的危险!),并有护仔表现,开始采食。随后母猪向一旁躺卧,给仔猪喂奶。当仔猪出现恐惧性的吼叫以及其他母猪吼叫时都会诱导出母猪的防御性反射。母猪通过叫声和仔猪传递信息,还可以通过气味来相互识别,但在仔猪刚生后的 2 ~ 3 天以内母猪可以容许其他窝的仔猪被寄养。

②解剖和生理特点:一半仔猪出生后,母猪一般撒第 1 泡屎。最后 1 个仔猪出生后约 1 小时(最长为 4 个小时)胎膜应当脱落。生后 1 ~ 2 天,少量无色、无味、水样的黏液从阴道中排出(恶露),体温微微升高,但生后 48 小时体温恢复正常。如果体温高于 39.2℃ 时,应当检查母猪是否患"子宫炎—乳房炎—无乳综合征"(简称 MMA)。

63.怎样做好母、仔猪的护理工作,实现"母健仔壮"的目标?

①保护产房环境卫生、安静。

②仔猪产出后,接产人员应立即用手将口鼻的黏液掏出

并擦净,再用抹布将全身黏液擦净。

③立即进行仔猪编号。

④仔猪称重及登记。

⑤将仔猪送到母猪身边吃奶。

⑥假死仔猪的急救:有的仔猪产下停止呼吸,但心脏仍在跳动,这叫"假死"。急救的办法以人工呼吸为最简便。可将仔猪四肢朝上,一手拖着肩部,另一手拖着臀部,然后一屈一伸反复进行,直到仔猪叫出声后为止。也可采用在鼻部涂酒精等刺激物或针刺的方法来急救。

⑦及时进行难产的处理。

64. 如何进行科学助产?

难产母猪长时间剧烈阵痛,但仔猪仍产不出。这时若母猪呼吸困难、心跳加快,应实行人工助产。一般可用人工合成催产素注射,用量为 100 千克体重 1 支。注射后 20～30 分钟内可产出仔猪。如注射催产素仍无效,可用手术掏出。在进行手术时剪磨指甲,用肥皂、来苏儿洗手,并涂润滑剂。在母猪努责间歇时慢慢伸入产道,伸入时手心朝上,摸到仔猪后随母猪努责慢慢将仔猪拉出。掏出 1 头仔猪后,如果转为正常分娩,不要继续掏。手术后,母猪应注射抗菌素及其他消炎药物。不要将新生仔猪的脐带剪断,否则会使病原体侵入仔猪体内,脐带会变干自动脱落,脱落一般在生后 6 小时。如脐带流血,要在距猪体 2.5 厘米处结扎,并涂碘酒。

65. 母猪为什么会吃仔? 怎样预防?

(1)食仔原因

①饲料营养物质不完全,缺乏蛋白质、维生素和矿物质等;

②母猪曾吃过死胎、胎衣等,或从泔水中食过生的猪骨、猪肉等;

③由于别窝仔猪串圈而被咬死和吃掉;

④母猪过肥或过瘦;

⑤由于产仔数超过母猪的奶头数,仔猪之间在争奶头时咬伤母猪奶头,母猪由于疼痛而咬伤仔猪,并食之;

⑥母猪难产而疼痛;

⑦母猪产后没有及时饮水而感到口渴。

(2)预防办法

①配合好饲料保证怀孕母猪营养全价;

②产后及时处理掉死胎及胎衣;

③不要让仔猪乱串圈,给仔猪设补饲栏,仔猪生产2周之前开始补料;

④给母猪不喂含有生的骨头及肉的泔水,需要喂食,必须煮熟;

⑤出生仔猪剪牙,防止争奶,固定奶头;

⑥对于食仔母猪一经发现就需要保定;

⑦用0.25~0.5千克的白酒拌料,使母猪醉倒,随后再让仔猪吃奶;

⑧母猪产后饮足水,水内加麸皮、食盐等。

六、仔猪断奶前后的养育

66. 哺乳仔猪有哪些生理特点?

①代谢机能旺盛,生长发育快;

②消化器官不发达,消化机能不完善;

③缺乏先天性免疫力,容易得病;

④调节体温机能不全,抗寒力差;

⑤母乳中含铁不足,容易出现贫血。这些特点和矛盾,导致仔猪生后难养,成活率低。

67. 哺乳仔猪怎样渡过初生关?

(1)抓乳食,过好初生关

仔猪生后如果能够立即吸吮到尽可能多的初乳,就会取得被动的保护作用,其原因是:

①仔猪生后的前 36 小时,从肠道中能够吸收大分子的球蛋白质。这是通过羽片状细胞的一种选择性的吸收,但不降低球蛋白质的免疫活性。吸食初乳以后,血浆中总蛋白质的水平升高(从 2.29 克/l00 毫升到 6 克/l00 毫升)。

②初乳的组成在仔猪生后几小时之内即发生变化,在 24 小时以内,总蛋白质的水平从 18% 下降到 7%;在蛋白质中,γ-球蛋白质的比例也从 51% 下降到 27%。免疫程度依赖于所吸收的球蛋白质的数量;但是,反过来,吸收速度又决定于抗体本身在奶中的浓度。

③早期吸收大量初乳的仔猪,促进肠黏膜"生理性闭合",而成为对病原微生物的屏障,预防"菌血病"。

此外,初乳中所含的镁盐具有轻泻作用,可促使胎粪排出。如仔猪吃不到初乳,则很难成活。因此,初乳对仔猪不可缺少也不能替代。在生后 2 小时以内必须让仔猪吃到初乳。

(2)具体做法是:

①固定奶头:母猪前半部的(2～5 对)奶头,一般泌乳量高,后半部相对较低,同窝仔猪又有强有弱,吃奶时相互争夺奶头,往往是强壮的仔猪占到前边乳量多的奶头,弱小仔猪吃得少,甚至吃不上奶,造成强的愈强、弱的愈弱。为使全窝仔猪均匀健壮,应在仔猪生后 2～3 天内人工辅助固定奶头。

具体方法是:刚出生的仔猪会自寻奶头,待多数仔猪找到奶头后,再对个别强壮的或弱小的进行调整。一般先将强壮的仔猪放到一边,弱小的放到前边的奶头上,待母猪放乳时再立即把强壮的猪放到后边指定的奶头上吃奶。这样经过连续几次的人工辅助,仔猪即可固定奶头吃奶。

②寄养:将超过母猪有效奶头数(即有泌乳能力)的仔猪,失去母亲的孤仔以及因病或其他原因泌乳力差的仔猪寄养给产仔期接近而带仔数较少的母猪。

对寄养母猪的要求:身体健康,气质温和,乳头长度、高低、粗细合适,泌乳能力强等。寄养一般在仔猪生后 6 小时之内完成,尽量减少仔猪争斗奶头时所造成的损失。为了防止寄母咬仔,可将养仔和亲仔同时放入 1 个容器中(或护仔箱),让其相互接触一段时间,使它们气味相同,然后放在母猪身边让其哺乳。如母猪嗅不出异味,允许养仔吃奶,寄养即告成功。也可在养仔身上抹一些母奶或尿液来达到寄母不咬养仔的目的,但不如前者卫生。

68. 初生仔猪在管理上要做哪几件事？

初生仔猪的管理工作主要是做好三防（防寒、防压和防病）和剪牙、断尾、补铁和去势。仔猪怕冷，尤其是刚出生的仔猪，若气温低于 0℃ 就会冻僵或冻死。仔猪的适宜温度是生后 1~3 日龄 30~32℃，4~7 日龄 28~30℃，15~30 日龄 22~25℃，2~3 月龄 22℃。

（1）保温

①调节产仔季节，避免在最冷的季节安排产仔；

②设置护仔箱（栏），加厚垫草或用电热毯加温；

③利用红外线灯保温，即把 150~250 瓦的红外线灯泡吊在仔猪保温箱的上方约 40~50 厘米处，可使床温保持在 30℃ 左右；

④安装暖气片。

（2）防压

①设置护仔栏（架）或护仔间，把母仔隔开；

②保持圈舍环境和母猪的安静，避免母猪时起时卧或急起急卧。

（3）防病

主要是预防仔猪拉痢，仔猪拉痢多发生在 3~7 日龄和 15~20 日龄期间，尤以 7 日龄内发生的更为严重，俗称黄痢，也有发生白痢的，死亡率很高。

造成拉稀的原因有：

①母乳过浓稠，不易消化；

②母猪饲料突然变化，乳汁改变；

③天气骤变，气温变化大；

④圈舍潮湿不卫生，病原微生物增多；

⑤ 啃食不卫生的食物或脏水等。

一旦仔猪发生拉痢,首先要寻找原因,对症下药,预防为主,防治结合。

（4）剪牙和断尾

是为了预防仔猪咬伤母猪乳头和相互争斗时的伤害以及避免仔猪在断奶、生长和育肥阶段的咬尾而采取的管理措施。剪牙是仔猪出生后剪断其 8 个锋利的针状牙齿,同时用单片切割器剪掉尾巴,但不宜太短。

（5）注射铁剂

仔猪出生后身体中铁含量很低,另外母乳中铁含量也不充足。由于仔猪生长发育很快,在红细胞形成过程中,需要大量的铁。因此,在出生后第 1 天就必须给仔猪注射铁制剂。在特殊情况下可进行第 2 次注射。也可以口服补充铁。每头猪适宜的剂量为 200 毫升。

（6）去势

一般认为猪去势时间越早,应激越小,仔猪恢复得就越快,切开的伤口越小。试验证明,猪最适宜的去势时间是在产后 10 日龄。

69. 新生仔猪怎样补铁?

铁是哺乳仔猪生长发育必需的微量元素,是体内多种酶的组成成分。初生仔猪体内铁的贮量极少。每天需要 7 毫克铁,但每天最多从母乳中只获得 1 毫克铁。因此,仔猪体内的铁贮很快被耗尽。如果得不到及时补充,便可出现贫血症。

（1）缺铁性贫血的症状

一年四季均可发生,但冬春季比其他季节发病更多。一般封闭式的饲养,1月龄以内(特别是14~21天)哺乳仔猪发病较多。患贫血症的仔猪,血红蛋白降低,皮肤和黏膜苍白,被毛粗乱,食欲减退,轻度腹泻,精神萎靡,生长停滞,严重者死亡。同时,抗病能力减弱,易患病。在哺乳仔猪中,缺铁性贫血的发病率可达30%~50%,死亡率可达15%~20%,目前最成功的方法是出生后补铁。

(2)怎样预防缺铁性贫血

①加强母猪饲养管理,多喂富含蛋白质、维生素、矿物质的饲料,要特别补给铁、铜、锌等微量元素。

②给仔猪补铁,可在圈内放些舔红土或干燥的深层泥土混合的食盐,让仔猪自由舔食。也可注射含铁制剂,如对种用仔猪可于3日龄时注射右旋糖酐铁或铁钴注射液。

(3)对缺铁性贫血仔猪的治疗

①口服铁制剂 仔猪出生后3日龄起补饲铁制剂。喂时将溶液装入奶瓶中让仔猪吸吮,也可滴在母猪乳房上令其吸食,每天1~2次。口服铁制剂主要有:硫酸亚铁和铁铜合剂(2.5克硫酸亚铁加1克硫酸铜,加1000毫升水配合而成,每头每天约需10毫升);也可用硫酸亚铁100克、硫酸铜20克研细后拌入5千克细沙或红土,撒入猪圈让仔猪自由采食。

②注射铁制剂主要有右旋糖酐铁,铁钴注射液,山梨醇注射液等。一般情况下,选用以上1种药物给予仔猪深部肌肉注射2毫升1次即可。对于缺铁症状表现严重的仔猪,可在间隔7天后,再给予药物减半剂量肌肉注射1次。

(4)注意事项

①时间要适宜。过早易造成仔猪铁中毒,超过4周龄时注射有机铁,可引起注射部位肌肉着色。补铁的最佳时机是3~4日龄,1次肌注。

②剂量要合适。过少无效;但过多易造成机体中毒,出现此种情况时,注射肾上腺素。

③无菌操作要牢记。注射部位消毒,1猪1针头,防止细菌感染。

④注意日粮配合,保证营养供给,特别是维E和硒;有条件者可喂颗粒料。

⑤不宜与别的药物混用。

⑥药物开瓶即用(特别是硫酸亚铁),防止氧化变质。

70. 怎样为仔猪剪牙和断尾?

出生后剪短每头初生仔猪的8个锋利的针状牙齿,这样可以减少对母猪乳头的损害,当发生争斗时也可降低对同窝仔猪的伤害。仔猪出生后,开始修剪牙齿。不要把牙齿剪得太短,因为那样会损害齿龈和舌头,使病原体进入仔猪体内。使用小而尖的侧切割工具。在给下一个猪剪齿前要对工具进行消毒,以避免细菌交叉污染。每天用完工具后要进行消毒。发育不好的仔猪不剪牙齿是有好处的,特别是如果不能马上进行交叉寄养时。发育不好的仔猪保留牙齿,有利于竞争乳头,有利于生存。

断尾是养猪业的常规工作,可避免断奶、生长、育肥猪阶段的咬尾。下面是进行断尾工作的方案和注意事项:

①用单面切割器剪掉尾巴。

②生后不久断尾,仔猪很快恢复,因伤口较小,不会出很多血。

③要避免剪得太短。阴门末端和公畜阴囊中部可用来作为断尾长度的标线。有些操作者用1个小的软管套在尾巴上,使尾巴的长度一致,也可防止尾巴切得太短。

④在仔猪和每窝间使用切割器剪尾后要进行消毒。

⑤处理完后对单面切割器进行彻底清洗。

⑥不要用同一切割器既剪齿又断尾,因有细菌交叉感染的可能。

⑦在日常管理过程中要考虑猪的福利。从福利角度讲,断尾问题正在研究过程中,有人认为断尾是不必要的。因为许多管理和环境因素的影响也可以引起咬尾。

71. 断奶前仔猪死亡的原因是什么?

断奶前仔猪死亡率可为10%～25%,甚至更高。这取决于畜群的遗传、母猪营养、生产者的管理能力。导致断奶前仔猪死亡的原因有很多,许多生产管理技术可以减少死亡。

(1)挤压

资料显示挤压占所有断奶前死亡的28%～46%。虽然这个数字不能反映死亡的原因,但却表明许多仔猪不能从母猪身下及时逃走。

以下的做法可以帮助降低因挤压致死仔猪的数量:①保持仔猪的环境温暖、干燥,帮助它们生后尽快吃上初奶。这可使仔猪更强壮,使它们有能力避免被母猪压死。②挤压造成的损失大部分发生在分娩过程中和出生后的第1天。如果个别母猪在分娩时烦躁不安,要把所有仔猪圈在有加热灯的育仔室或育仔箱内,直到分娩结束。③分娩时记录每头母猪的表现,这可提醒你在下次分娩时注意这头母猪潜在的问题。

(2)仔猪虚弱

弱仔猪是出生时处于昏睡状的仔猪。这可能是分娩持续时间较长、能量储备较低或遗传原因导致的结果。这些仔猪通常吃不上初乳,因此容易饥饿而被母猪压死。应将那些仔猪放在单独的乳头下面以利于吃奶。

(3)饥饿

资料表明,在产圈中因饥饿死亡的数量占所有断奶前死亡数的21%。有许多因素导致个别仔猪饥饿:①初生重低(初生重低于0.90千克)的仔猪生存机会较低。②个体较大的仔猪也会因饥饿而死亡。出生7天左右的仔猪饥饿取决于母猪。仔猪发育较快时,一部分母猪不能分泌足够的奶以满足全窝仔猪增长的需要。另外,当仔猪错过1次或几次吃奶时,其他仔猪会很快吃完空乳头的奶(不管乳头空闲时间多短)。

当出生窝仔数较大时,会加剧竞争,死亡率也会增加。必须不断地检查仔猪的不良症状。可通过胃管饲喂母猪或母牛的初乳或用奶的代乳品来帮助虚弱的仔猪。利用交叉寄养,结合特殊护理和照料可保证断奶前仔猪的成活。

(4)疾病

仔猪死亡中约19%是由疾病而引起。在这类死亡中,痢疾和其他消化障碍通常是最主要的原因。一般来说,疾病不是仔猪死亡的主要原因。不过,也有一些时候,疾病是导致1窝乃至全群仔猪死亡损失的主要原因。由于这种疾病爆发的潜在危险,为仔猪提供一个干燥、清洁的环境是非常重要的。

(5)寒冷

仔猪容易寒冷,因为刚生下时身体是湿的、被毛稀疏、皮下脂肪很少、身体的温度控制机制尚未发育完全。当环境温度低于34℃时,仔猪会受冷刺激。为保持小环境的温度,在分娩和产后1周内需使用加热灯。要将灯泡挂在距地面45厘米处,使环境温度达到34℃。

为使仔猪皮肤水分蒸发与能量储备下降最低,可采用出生后擦干仔猪身上水分的方法,当仔猪通过战栗获得热量时,在寒冷的环境中能量储备会很快耗尽。用毛巾擦干初生仔猪身上的水分,可以刺激仔猪,提高它们的运动能力。

为仔猪提供温暖、防风的补饲区也是保证仔猪小环境的有效方法。补饲区为仔猪提供温暖、干燥的休息场所,并保护仔猪免受笨重母猪的伤害。仔猪补饲区应有固定的地面。产房过热将使母猪进食降低。

(6)后腿外翻的仔猪

后肢外张的仔猪后腿肌肉发育不良,所以后腿向一侧滑,撇开后腿坐着。严重的仔猪前腿也外翻(双外翻)。后腿外翻的仔猪不能够正常行走,因此也不能正常吃奶。许多仔猪由于饥饿和挤压致死。据认为许多因素可引起后腿外翻,包括出生重低、遗传因素和产房中地面光滑。如出生后仔猪能及时得到护理,50%后腿外翻的仔猪可得到治疗。

(7)其他的死亡

①仔猪受到攻击。有时初产母猪或少量的经产母猪向仔猪凶猛攻击,其原因还不清楚。可能是由于疼痛或恐惧的原因。如果仔猪生下时从圈舍转到有加热灯的幼畜栏,等初产或经产母猪安静后,母猪会很快接受他们。使用镇静剂(可从兽医那里得到)可使过于激动或不安的初产、经产母猪安静。但使用时要格外注意,因为镇静剂可减慢分娩过程。②遗传性畸形(畸形猪、摇晃猪)。③出生后已被闷死。④破裂。⑤关节感染等。

72. 怎样降低断奶前仔猪的死亡率?

(1)分开吃奶

仔猪全部出生后,对乳房的竞争非常激烈。仔猪要吃一定量的初乳,以确保获得足够的免疫球蛋白。在窝仔数较大时,要注意分开吃奶。出生后头 24～48 小时,把较重的仔猪放到加热的仔猪栏中,让一窝仔猪中 1/2 体重较轻的仔猪在没有竞争的条件下吃 2～3 次初乳,每次 2 个小时,定期进行检查,可达到增加体重和降低死亡的目的。当窝仔数为 9 头以下时没有明显区别。

（2）胃管饲喂

用 1 个灌肠器可将定量的初乳和奶直接注入仔猪胃内。这一办法快而经济,是很实用的一项技术,特别是对弱小、受寒、饥饿、后腿外翻的仔猪。

（3）交叉寄养

交叉寄养是用于降低乳房竞争的管理方法。它是将 1 窝中的个别仔猪放到另 1 窝仔猪中,使每窝仔猪的数量均等、体型相同。同时分娩的 2 窝仔猪间的交叉寄养是把所有体形小的猪由 1 头母猪喂养,而较大的仔猪由另 1 头母猪喂养。现已证实这种方法对降低断奶前仔猪死亡率是有效的。在实际工作中,以下 2 种寄养方式共同使用:

①紧急或防护性寄养。适用于当母猪死亡或母猪缺奶时对初生仔猪的寄养。

②直接寄养。是当每窝仔猪数量一致时使用。不管是紧急还是直接寄养,重要的是要了解母猪的抚养能力,即母猪养育仔猪的数量,这取决于母猪可用来哺乳的奶头数量。除有足够数量的奶头外,母猪的乳头还必须露在外面。

直接寄养或交叉寄养最好是在成批分娩时或是用前列腺素诱导的同时分娩情况下使用。

（4）反向寄养

在反向寄养中,仔猪从 1 头母猪转移到另 1 头母猪处,以使新分娩的母猪能够抚养更多的仔猪。

这个过程只能在 1 窝仔猪出生后 24 小时或更大一点时进行,而且只转走 1 窝中最强壮的仔猪。

生后 12 小时对窝产仔数多的仔猪实行分开吃奶,保证窝中所有仔猪都能吃到足够的初乳。不要试图走捷径,否则反向寄养方法将不起作用。通过使用这种方法,每年从每头母猪身上至少可获得 1 头额外仔猪的好处。

(5)代乳母猪(延长吃奶)

延长吃奶时间,就要保留母猪,特别是当 1 窝仔猪中有生长慢的仔猪不能断奶时。花 1 周或更长的时间让母猪留下来,喂养发育较差的仔猪,对发育较差的仔猪不应进行早期断奶。母猪要过几周才能再发情,并且会打乱生产周期,但这是十分值得的。这对人工培育是另一可行的选择,特别是经营规模较小时。

(6)分开断奶

分开断奶时,窝内体重较大的仔猪提前 7～10 天进行早期断奶,可使窝内体重较小的仔猪吃到更多乳头的奶。其他仔猪在 3～4 周龄正常断奶。如果 1 窝仔猪断奶时体重差异较大,分开断奶是比较好的方法。

分开断奶不一定会缩短断奶到发情的间隔。通过分开断奶,泌乳的后 1 周母猪体重下降较小,因为剩下的仔猪所需的能量较少。断奶前 7～10 天,把 1 窝中仔猪数量降到 5 只,并不能提高余下仔猪的生长速度。

(7)早期断奶

仔猪早期断奶在 3 周龄进行,健壮的仔猪 1 周龄时由母猪寄养。寄养给这头母猪的仔猪应比断奶仔猪数少 1 个。这一方法可挤出 1 头母猪供 24 小时内出生的仔猪使用。

（8）人工喂养

离开母猪的仔猪更需要精心护理。在自动人工喂养系统中,对早期断奶的仔猪和额外饲养的仔猪做了很多尝试,这些系统的操作难度和效率是不同的。仔猪进入这些系统前吃到初乳是很重要的,至少要让仔猪在母猪那里停留12～36小时。许多人工喂养系统花费很大,需要很多人力来维持。在商品生产中,系统的喂料和清洗过程必须实现自动化。

73. 怎样诱导仔猪开食?

仔猪生后第7天,就可以对其进行调教,诱导仔猪开食。诱食可以采取以下措施:

（1）自由采食法

可在仔猪经常活动的地方放些颗粒饲料。因颗粒饲料香脆可口,仔猪特别爱吃,或在水泥地上撒些切碎的青菜叶,让母猪带引仔猪自由采食。每天训练4～5次,一般4～5天后仔猪就能学会吃料。

（2）人工塞食法

在仔猪熟睡时,用小铁勺或手将饲料塞进仔猪口中,每天3～5次,诱食效果很好。

（3）以大带小法

将2窝仔猪放在同一补料间,其中1窝稍大的仔猪已经学会吃料,利用仔猪抢食的生活习性促使另1窝仔猪很快学会吃料。

（4）甜食引诱法

可利用仔猪喜欢吃甜食的习性,在饲料内添加适量的糖精或白糖(最好拌一点红糖),使饲料略带甜味。另外加一些炒熟的玉米或黄豆,让仔猪自由舔食。

74. 怎样做好仔猪的补料?

抓开食,过好补料关。仔猪从 2 周龄以后,母乳中的营养物质就不能满足生长发育的需要。3 周龄时,母乳可满足其总需要量的 97%,4 周龄为 84%,6 周龄仅能满足 50%。蛋白质的缺乏状况则更为严重。为了改变这种状况,必须尽早补饲营养丰富、消化率高的乳猪补充料。

(1)补充矿物质

1～3 日龄时,除了注射铁制剂以外,还应在乳猪饲料中添加微量元素铁和铜,以防止营养性贫血。如不及时补充,仔猪达 10 日龄时,会出现食欲减退、被毛散乱、皮肤苍白、生长停滞和下痢等病症。5 日龄时可在仔猪活动的地方放些骨粉、食盐、木炭末、红土、鲜草根、铁铜合剂粉等,让其自由采食。补硒在缺硒地区特别重要,它可防止拉稀、肝脏坏死和白肌病。

(2)补水

由于仔猪吃的母乳中脂肪含量高,故从 3～5 日龄起即应补充饮水。如供水不足,仔猪就喝脏水,容易引起疾病和下痢。因仔猪喜吃甜食,故可在饮水中加些糖分,以诱仔猪饮水。3～20 日龄仔猪饮水中可加 0.8% 的盐酸。

(3)补料

补料的目的是补充母乳的不足、促进胃肠发育、消解牙痒和预防拉稀。应从 7 日龄起训练仔猪采食补料。方法是在补饲槽或运动的墙边地上撒些颗粒状的乳猪料或炒焦的高粱、玉米等谷粒,供仔猪自由采食。10 日龄后给粥状食料或新鲜的青饲料,以后随食量增加,调整饲料量。20 日龄后仔猪已能正式采食,30 日龄后食量大增,在此前后即可断奶。仔猪开食越早,断奶重愈大。7 日龄开始补料,35 天断奶重可达 8～9 千克左右,约需乳猪颗粒饲料 3～4 千克。表4 概括了从 3～7 周龄时期仔猪的平均补饲采食量,表5 介绍了 1 种仔猪补饲日粮的配方。

表4　仔猪的平均补饲采食量

周龄	仔猪体重(千克)	补饲(克/头周)
3	4.6	146
4	6.8	296
5	9.1	768
6	11.4	1655
7	13.6	2590

表5　乳猪补饲日粮的组成和营养成分

原料	比例(%)	原料	比例(%)	日粮营养成分
小麦	25.00	乳清粉	10.00	蛋白氨(%)20.00
大麦	15.80	碘盐	0.40	消化能(兆焦/千克)14.01
豌豆	25.80	磷酸钙	1.00	Ca(%)　0.95
牛羊脂	3.0			p(%)　0.76
大豆粉	11.00	预混料	1.50	蛋氨酸(%)　0.25
鱼粉	6.40	石粉	0.10	赖氨酸(%)　1.20
		小计	100%	盐酸　微量

75. 怎样过好仔猪断奶关?

抓旺食,过好断奶关。仔猪 30 日龄后,随着消化机能的逐渐完善体重迅速增长,食量增大,进入旺食阶段。为了适应仔猪生长的生理需要应增加补料,补料要注意营养和适口性。此时仔猪生长迅速,应喂给含粗蛋白质18%以上的配合饲料。在仔猪初生重和母猪泌乳量无法改变的情况下,补料的质量是影响仔猪断乳重的决定性因素。

旺食期饲养得好,40～60日龄之间的体重可比40日龄时的体重翻1番,日增重可达500克以上。对哺乳仔猪宜采取多次饲喂或自由采食的方法,一般每天需要喂3～5次,其中1次在夜间,每次食量不宜过多。此外,哺乳仔猪增重的多少,很大程度上决定于饲料的配方。现举2个典型配方如下,供参考。

闫家岗农场哺乳仔猪饲料配方:

玉米53%、高粱10%、豆饼粉20%、麸皮10%、苜蓿粉5%、磷酸氢钙1.5%、碘盐0.5%,外加微量元素、维生素预混料0.05%。

芦台农场哺乳仔猪饲料配方:

玉米20%、高粱20%、大麦或小麦20%、大豆粉20%、鱼粉2.5%、麸皮5%、米糠10%、磷酸氢钙2.0%、碘盐0.5%。

76. 仔猪何时断奶和确定断奶的依据是什么?

在工厂化养猪的条件下,为了提高母猪的年产窝数(2～2.5窝/年)和尽早给仔猪补饲,一般提前到28～35天(4～5周龄)断奶。有些国家甚至提前到4～11天断奶。但在常规的饲养条件下,一般在45～60日龄时断奶,故有"猪离母,四十五"的说法。

断奶是一个极为关键的时期,它可以极大地影响仔猪到商品猪整个生产进程的性能和经济效益。健康、活泼的猪采食良好,断奶时的调整很快。行动迟缓、不健壮的猪断奶时反应剧烈,断奶后的消沉期延长,这种变化就是断奶应激。断奶在任何日龄都是有应激反应的,断奶越早,应激反应越大。因此断奶时间应根据仔猪消化系统的成熟程度、仔猪免疫系统的成熟程度以及养育条件的好坏来决定。

77. 仔猪的断奶方法有哪些?

断奶的方法有1次断奶法、分批断奶法和逐渐断乳法3种。

(1)1次断奶法

就是按照预定的时间,全窝仔猪在1天内同时断奶。适合于工厂化养猪条件。即在断奶日将母猪赶出,仔猪仍留在栏中,继续饲养。

(2)分批断奶法

即在仔猪的哺乳阶段分批进行断奶,一般将生长发育快、体重大、采食旺盛的仔猪先断奶,留下生长慢、弱小的仔猪继续哺乳,过一段时间后再断奶,适合于农户饲养条件。

(3)逐渐断乳法

是从断乳的第1天开始逐渐减少仔猪的哺乳次数,实行母猪隔离、定时喂奶,经3~4天断完。此法可以减缓断奶应激,对母、仔均很安全,适合于有护仔栏的中型养猪场使用。日本养猪户为提高母猪的产仔率,推广"二三制养育法",即30日龄断奶、30天保育期人工养育、3个月肥育,共养5个月,体重达90千克。

78. 断奶后仔猪(保育猪)为什么要求温暖的条件? 其对环境温度的具体要求是什么?

(1)刚断奶的仔猪要求温暖条件的原因

①体重越小体表面积相对越大,热量的损失越多。如3周龄仔猪的体表面积比4周龄大10%,比5周龄大20%。

②断奶时,短时的低采食量将导致产热量的下降,减少体内的脂肪和降低隔热效果。

③刚断奶的仔猪身体活动量大,这将增加能量的消耗,加之饲料摄入量少,因此用于生长的能量减少。

(2)对环境温度的具体要求

仔猪周龄	需要的温度(℃)
3	28~30
8	20~22
10~14	18~20

仔猪日龄越小,需要的温度愈高、愈稳定。因此应避免温度波动。每日温度变动超过2℃将引起腹泻和降低生产性能。

79. 为什么断奶后仔猪经常发生咬斗? 怎样预防?

(1)原因

①饲养密度过大,猪之间接触的几率高;

②猪的群序行为被打乱;特别是几窝不同的猪并群以后,为了争夺"领袖"地位而发生激烈的咬斗;

③由应激所引起,特别是光照过强,湿热天气以及猪舍内含有有毒、有害气体时,极易引起猪群咬斗;

④饲料营养不平衡缺乏某些氨基酸、微量元素和维生素时,猪体为了补充这些营养也容易相互咬斗;

⑤不同群(或窝)猪的异味;

⑥争饲料和饮水;

⑦体内外寄生虫(如虱、疥癣、蛔虫等)以及皮肤刺痒等。

(2)预防措施

①保持猪群有合适的密度,每头保证有1平方米的面积。

②按猪的来源、体重、体质、性情和采食习惯等的相近性组群,每组以10头猪为宜。

③饲料营养要全面。

④饲养方法要得当,防猪出现饥饿,并适当给猪投放青绿多汁饲料。

⑤定期驱虫。体内寄生虫一般驱除3次,分别为20~30日龄、60~70日龄和100~110日龄。种猪每年应春秋驱虫2次。驱虫用药物:左旋咪唑、丙硫苯咪唑和伊维菌素等。

⑥及时断尾,仔猪生产后1~2天内断尾。

80. 怎样做好断奶后仔猪(保育猪)的饲养?

断奶到25千克仔猪的日粮中应当含有18%左右的蛋白质,可消化能量3400千卡/千克,赖氨酸1.15%,钙0.8%,磷0.65%。仔猪饲喂了蛋白质含量低的日粮,生长速度明显放慢。研究结果表明:饲喂不同蛋白质含量的饲料对仔猪生产性能影响也不同。但是,日粮中必须含有适当的能量,否则蛋白质将被浪费掉。为了提高仔猪日粮中的能量水平,可以添加2%~6%的脂肪。为了与增加脂肪相配合,日粮中的蛋白质、赖氨酸、维生素和矿物质的含量也应增加。建议断奶后仔猪的饲料配方:玉米63%,麸皮15%,鱼粉8%,豆粕粉10%,矿物质、微量元素、维生素预混料4%。

仔猪断奶后的饲料变换不要太突然。从乳猪料到保育猪料要有一个逐渐变换的时期,采用的比例依次为:10:0,7:3,5:5和3:7,0:10,总的过渡期为15天(每1个时期为3天)。断奶后,要定期称重,检查保育期猪的发育是否符合标准(表6),用以调整饲料日粮配方。饲喂的方法要实行少吃多餐,日干物质喂量以不少于体重的5%为宜。

表6 常规断乳时仔猪的体重和饲料消耗

周龄	平均活重（千克）	日增重（克）	饲料消耗
1	2	160	400~800 克/日 母乳
2	3.3	200	母乳+乳猪料[①]自由采食
3	4.8	240	母乳+50 克乳猪料
4	6.7	270	母乳+100 克乳猪料
5	8.7	310	200~300 克乳猪料或保育料,断奶
6	11	340	350~450 克保育料[②]
7	13.5	370	500~600 克保育料[②]
8~9	16	430~500	670~750 克保育料[②]
9~10	19	430~500	800~900 克保育料[②]

注:①1 头仔猪大约消耗 2 千克;②1 头仔猪大约消耗 20 千克。

81. 怎样做好断奶后仔猪(保育猪)的管理?

(1)保持温暖的环境条件,防止环境应激

(2)预防贼风

对保育猪必须尽可能地保持气流的稳定。0.2 米/秒的可察觉气流将降低环境温度 3℃,这足以使仔猪感到寒冷。漏缝地面系统的贼风通常大于 0.2 米/秒。0.5 米/秒的贼风可以串通许多猪舍,相当降低室温 7℃。研究表明,与暴露在贼风条件下的仔猪相比,不接触贼风的仔猪生长速度要快6%,饲料消耗要少16%。

(3)圈舍宽敞、清洁

保育猪的圈舍(栏)不能过于拥挤。研究表明,超出推荐标准而提高每个圈舍中的仔猪饲养量,至少会降低5%的平均日增重和饲料转化效率。其原因是:当猪群过大时,猪的咬斗现象也随之增加。因此,每群保育猪的数量应保持在1窝或2窝,或者最多不超过15只,每只体重20千克以下的保育猪需0.3平方米的地面。采用全进全出的管理方式,将提高猪的生产性能和降低腹泻的发生率及严重程度。据估计,全进全出的舍饲可以使保育猪每天多增重100克左右。

猪在圈内停留30~60分钟期间即可选择躺卧的地方。然后选择离躺卧地尽可能远的地方作为排泄地。一般情况下,猪喜欢靠近饲槽睡觉。在断奶后的第1周,1头猪应占用1个饲槽位置。到第2周,可以允许2~3头猪共同一个饲槽位置。保育猪饲槽大小为:长20~30厘米,高20厘米,上宽20~25厘米,下宽15~20厘米。

(4)保证保育猪有充足、清洁的饮水

据测定,活重15~40千克的猪每天最少需要饮水2升。每6~8头猪需要1个乳头式饮水器,每圈应该设置2个乳头式饮水器,相距45厘米。水的流速应为每分钟250毫升。为了防疫的需要,每个猪舍要安装低压水箱。

(5)保证小猪充足的运动和日光浴

有条件的地方最好是边放牧边运动。猪舍要保持清洁、干燥,垫草勤翻勤晒,要调整保育猪养成定点排便的习惯。

(6)注射疫苗,进行程序免疫

七、生长育肥猪的养育

82. 何为育成猪？何为育肥猪？它们的交叉点在什么时间？

育成猪是指仔猪断奶后(28 或 35 日龄)至 70 日龄左右转入育肥车间前的仔猪。育肥猪是指 70 日龄左右转入育肥车间到出栏这一阶段的中大猪。它们的交叉点在 70 日龄左右。

保育期(一般需 60 日龄左右)以后,猪的体重可以达到 20 千克左右,此时,作种用的个体可继续饲养到 50 千克,然后进入育成猪群进行培育;而不作种用的架子猪进行肥育,作为育肥猪饲养,至 5~6 月龄体重可达 90~100 千克出栏。

83. 猪体组织随年龄的生长发育规律是什么？

猪增长的活重是由瘦肉组织、脂肪组织和骨组织 3 部分构成。瘦肉组织通常是肌肉,脂肪一般有 2/3 储存在皮下。瘦肉的化学成分是约 70% 的水、10% 的脂肪、20% 的蛋白质。而脂肪中约含 10% 的水、88% 的脂肪和 2% 的蛋白质。

猪边生长边长肥,但依赖于其生长发育阶段和饲料采食量的多少。例如,初生仔猪体内只有 1% 的脂肪,到 4 周龄时可以上升到 15%。断奶应激可以使脂肪储存量降低 5%~7%。一旦采食正常,仔猪体内脂肪很快上升到体重的 10%。当饲料供应超过瘦肉的生长需要时,体内脂肪的积累增加。在 6 月龄时,体内的脂肪量将占体重的 25% 或更多。

猪生长的一般规律是:小猪阶段骨骼生长最快,主要表现为头相对较大、四肢细高、腰身变长;中猪阶段肌肉生长最快,骨骼次之,体型向长、宽、深的肉用方向发展,但体脂少不显肥;大猪阶段,骨骼肌肉的生长速度变慢,而脂肪的生长加快,猪开始变肥。这种规律可以简单地概括为:小猪长骨、中猪长肉、大猪长油(膘)。

84. 瘦肉组织的生长受哪些因素影响? 怎样达到最大的生长潜力?

所有养猪者的目标是千万百计地促使瘦肉的快速生长,这将取决于猪的遗传、性别和饲养方式。有人估计,全身瘦肉的生长潜力是:公猪为 0.6 千克/日,母猪 0.5 千克/日,阉猪0.4千克/日左右。尽管选择胴体瘦肉率高、生长快、遗传性能优良的猪种,但是由于饲养方式不同,也可能影响瘦肉的生长潜力。

保持猪体健康、进行科学饲喂可以促进猪的快速生长,5~10 千克的仔猪每日可以在自身体重的基础上增重 7.5%;断奶以后,仔猪至少应该按照断奶前已有的生长速度生长。

在试验研究的条件下,仔猪可以达到下面的生产速度:5 千克体重,日增重 400 克;10 千克体重,日增重 700 克;20 千克体重,日增重 1000 克。但在商品生产条件下,这样的生长速度是很难达到的。一般而论:生长快的猪适应险恶环境和抵抗疫病的能力就强;生长越快,饲料转化率也就越高。

为了实现生长快和瘦肉率高的目标,可以这样去做:

①选购(或自繁)食欲好、生长快和瘦肉率高的猪;

②全程喂全价饲料;

③尽量减少环境应激以及因饲料采食量的减少而引起的断奶应激。

85. 如何挑选仔猪进行育肥?

(1)挑选仔猪要8看

①看精神:精神活泼、眼神明亮、尾巴摇摆自如、叫声清脆。

②看粪便:拉粪成团、松软适中、无黏液。

③看皮肤:皮毛红润、无乳头红斑,无癣斑。

④看外观:无外伤或畸形。

⑤看品种:长白×约克夏、杜洛克三元杂种猪。凡是白毛杂种猪,属于长白系的仔猪,嘴稍长,面微凹,耳中等斜立,身躯稍粗而长。杜洛克杂种:全身棕色细毛,间有棕黑色斑块。

二元杂种猪适应性强、生长快、瘦肉率高,选购较理想;三元杂种含本地猪血统少,要求条件高,不太好养,但瘦肉率比二元杂种猪高,而且生长快。

⑥看体型:嘴筒宽,口叉深,额部宽,眼睛大,耳郭薄,耳根硬挺,背平宽、呈双脊,皮薄有弹性,毛细有光泽,身腰长,胸深,臀宽,四肢粗壮而稍高。

⑦看来源:非疫区。

⑧看防疫、检疫证明。

（2）进行育肥要根据情况

主要考虑：①市场形势。市场好，出栏；市场不好，补栏。②自身的财力、物力及技术状况。要量力而行，达到适度规模。③最好选购 40 千克以上的架子猪。

注意购猪季节：

①春、秋季多养；

②出栏避开高温和高湿的 7、8 月份，因丙此时也是猪肉消费的淡季。

86. 简述生长育肥猪必需的营养物质及影响因素

日粮的质量是影响肥猪生产性能最重要的因素之一。特别在工厂化的饲养条件下，猪的生长速度大大加快，因此要求日粮中所含的营养要比过去高。舍饲时间的增加已经使猪不可能接触到可以为其提供补充维生素和矿物质的土壤和放牧的作物。条缝地板的设置，阻断了猪采食粪便的可能，因之大大减少了猪从粪中获得某些维生素（如维生素 B_{12}）的机会。因此，要发挥猪的最大生产潜力就必须饲喂高质量的日粮。

为了满足猪的维持、生长、泌乳和繁殖等机体多种代谢功能的物质需要，猪的日粮中必须含有如表 7 所示的营养物质。

这些营养物质的大部分在饲料中都有一定的含量，但在通常情况下都达不到所需要的水平。例如，为了取得好的生产性能，猪的日粮中必须添加钙和磷。在日粮中不添加某些维生素，是因为其在天然饲料中的含量能满足动物的需要，或者动物自身可以合成，例如维生素 B_1、维生素 B_6 和维生素 C。

表7 猪日粮的必需营养

氨基酸（AA）	矿物质	维生素	其他	氨基酸（AA）	矿物质	维生素	其他
精氨酸	常量	维生素 A	能量和必需脂肪酸	色氨酸	微量元素		烟酸
组氨酸	Ca	维生素 D		缬氨酸	Cu		泛酸
异亮氨酸	Cl	维生素 E			I	维生素 B_1	
亮氨酸	Mg	维生素 C			Fe	维生素 B_2	
赖氨酸	P		胆碱		Mn	维生素 B_5	
蛋氨酸	K		叶酸		Se	维生素 B_{12}	
苯丙氨酸	Na	维生素 K			Zn		
苏氨酸	S				Co		

对于每种营养物质的需要量决定于多种因素。其中最重要的有：

①预期达到的生产性能水平；

②猪的年龄和生产状态；

③遗传潜力；

④环境温度；

⑤猪舍地面的干湿状态；

⑥猪的健康和疫病状态。

由于这些因素互相作用，因此不可能推荐某种营养物质在任何条件下都适用的准确数量。在生产条件下，要根据特定的环境对饲养方案进行适当的调整。表 8 是为断乳到肥育结束(100 千克),不同生长阶段的日粮营养供给量(基础日粮中每千克含量)。

表 8　建议的日粮营养供给量

营养物种类	猪的生长阶段					
	代乳品哺乳仔猪	幼猪日粮断乳~25 千克	生长日粮25~50 千克	肥育日粮50~100 千克	哺乳母猪	妊娠母猪及公猪
消化能(兆焦/千克)	14.2	14.2	13.4	13.4	13.4	12.6
蛋白质(%)	20	18	16~17	14~15	16	14
赖氨酸(%)	1.25	1.15	0.75~0.85	0.6~0.7	0.7	0.55
钙(%)	0.9	0.8	0.7	0.6	0.9	0.9
磷(%)	0.7	0.65	0.6	0.5	0.7	0.7

87. 生长肥育猪对能量的需要、转化和来源情况是什么?

(1)能量的需要

能量是机体组织维持和新组织生长、形成所必需的营养,少量的能量以糖原贮存于肝脏和肌肉,大多数能量以脂肪形式贮存于体内。

能量不足,可导致生长猪增重缓慢,哺乳母猪消瘦,体脂减少。能量不足可能是由于饲料采食量低或日粮能量水平太低引起的。

（2）能量在猪体内的转化

饲料中包含的所有能量称总能（GE）。饲料被猪采食后，总能中的一部分没有被消化吸收的能量由粪便排出，这些由粪便排出的能量被称为粪能。总能减去粪能后剩余的部分叫消化能（DE）。猪消化吸收的能量中一部分由尿排出而损失，剩余在体内的能量称为代谢能（ME）。一些代谢能在饲料消化和机体其他代谢作用的过程中以热的形式损失，余下来的能量称为净能（NE）。净能一部分用于机体的维持，另一部分用于生长和增重，对母猪则用于泌乳及胎儿的发育，这一部分称为生产能（PE）。图8则说明了能量在机体内的转化过程。

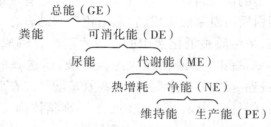

图8　日量能量在猪体内的转化

在猪饲料营养价值的评定和饲养标准中常用可消化能来表示，猪所采食的不同饲料虽然总能含量相差无几，但消化能的含量却有很大差异。

（3）能量的来源

①碳水化合物是猪日粮中最主要的能量来源，它包括极易消化的单糖和淀粉，也包括了一些复杂的成分，像纤维素、半纤维素、果胶和木质素，这些复杂的碳水化合物不宜大量喂猪，特别是幼龄猪。纯淀粉或糖的可消化能大约为16.74兆焦／千克，是喂猪的极好饲料成分。②脂肪是高浓缩的能量来源，它还提供了必需的脂肪酸—γ亚油酸和花生四烯酸。

消化能的含量为 33.47～36.82 兆焦／千克。因此,在饲料中添加脂肪能提高能量浓度,改善适口性并降低粉尘度。③日粮蛋白质的主要功能是供必需和非必需氨基酸,但过量的氨基酸经降解(脱去氨基)后可以被转化为能量而利用。这个过程需要将氮以尿素的形式排出体外,氮排出时也需要能量。因此,由蛋白质获得能量的方法比起碳水化合物来效率要低,这样必然造成浪费,加大成本。

88. 生长肥育猪对蛋白质和氨基酸的需要是什么?

蛋白质是生长和维持所必需的营养。如按百分率表示,随着猪年龄的增长,日粮中蛋白质的百分含量有逐渐降低的趋势。蛋白质由氨基酸组成,它们由化学键结合在一起。猪采食以后,蛋白质被消化液中的蛋白水解酶分解成氨基酸。然后这些氨基酸在小肠被吸收进入血液,运送到肝脏和肾脏,随后进到身体的各个部分。一些氨基酸可以在肝脏和肾脏中合成,但是有 10 种氨基酸(见表7)在猪体内不能合成。这 10 种氨基酸在日粮中必须供给足够的数量,以满足猪的需要,它们被称为必需氨基酸。猪的生产性能决定于必需氨基酸供给的水平和这些氨基酸之间的平衡。一些必需氨基酸的缺乏,将会导致猪的生长被限制在供给量最少的那种必需氨基酸所制约的水平上,因此,这种氨基酸称为"第 1 限制性氨基酸"。例如,大麦含 0.4% 的赖氨酸,这个数量比所有类别的猪对赖氨酸的需要量都低。因此单独饲喂大麦可以为生长猪提供53% 和为育肥猪提供65% 的赖氨酸需要。如果不添加赖氨酸会引起猪生长不良。类似地,色氨酸是玉米、苏氨酸是小麦以及蛋氨酸是燕麦的第 1 限制性氨基酸。

为了保证猪的最佳生长和生产性能,日粮中必须含有足够的蛋白质和氨基酸,以满足猪对 10 种必需氨基酸的需求。

89. 生长肥育猪对矿物质和微量元素的需要是什么?

猪至少需要 14 种必需矿物质,其主要作用是:①骨骼和牙齿的组成;②多种酶的成分;③蛋白质、组织器官和血液中的成分;④肌肉和神经功能的发挥;⑤维持机体的代谢过程;⑥体内渗透压的平衡。

需要在猪日粮中添加的 9 种矿物质及不同种类猪日粮中矿物质的最低需要水平列于表 9。

表 9 猪日粮中矿物质水平的建议

矿物质种类及单位	哺乳仔猪	断奶仔猪	生长猪	良肥猪	哺乳母猪	妊娠猪
钙(%)	0.96	0.8	0.7	0.6	0.9	0.9
磷(%)	0.75	0.65	0.6	0.5	0.7	0.7
食盐(%)	0.3	0.3	0.3	0.3	0.5	0.5
铁(毫克)	150	150	150	150	150	150
镁(毫克)	20	20	12	12	12	12
锌(毫克)	120	120	100	100	120	120
铜(毫克)	125	125	120	120	120	120
碘(毫克)	0.2	0.2	0.2	0.2	0.2	0.2
硒(毫克)	0.3	0.3	0.3	0.3	0.3	0.3

(1)钙和磷

机体内的矿物质大约 70% 是钙和磷。正常骨骼的构成、肌肉的收缩和机体对能量的利用都需要钙和磷。日粮中钙和磷的利用决定于:

①日粮中每种矿物质的数量都是足够的。

②维生素 D 的水平。维生素 D 与钙和磷的吸收有关,维生素 D 缺乏可以导致钙和磷的吸收降低,而维生素 D 的过剩是有害的,可以引起生长不良和心脏、肺脏、肾脏的钙化。

③钙、磷的适宜比率(钙磷的平衡)。钙和磷的理想比例应该是 1.2:1,但其范围可以为(1.1~1.5):1,钙磷的比率超过这个范围,会导致钙磷吸收和利用不良,从而引起生长速度减慢,生产性能不佳。但是,日粮中钙和磷过量同样可以引起微量元素吸收方面的问题。

(2)食盐

食盐中含有钠和氯 2 种元素,它们对维持机体的正常功能是必需的。比如:氯是胃产生盐酸的成分,它的主要化学反应是促进蛋白质在胃中的消化。食盐的缺乏可能导致食欲减退和体重下降。因此建议在猪的日粮中应该添加 0.25%~0.5% 的食盐。

(3)铁

血红蛋白的构成中需要铁,当缺铁时可引起仔猪贫血,同时还降低饲料利用率和生长速度。日粮中铁的最低水平应为 150 毫克/千克。

(4)锌

锌是机体内一些酶的成分。它对公畜性成熟和母畜的繁殖是必需的。同时对于维护胰腺功能和皮肤、蹄况的正常也很重要。锌的不足可导致猪的角化不全。这种现象舍饲仔猪最易发生。其症状是生长缓慢、食欲降低、皮肤粗糙(似患疥癣)。皮肤发生红疹并有暗色水样分泌物。皮肤变厚并且发展为结痂。当处于缺乏的临界限时,可见被毛褪色或泛白。母猪锌的缺乏可导致产仔数的下降。

(5)碘

碘是猪体产生甲状腺素所需要的。甲状腺素控制着机体的代谢速度。幼猪缺碘可致甲状腺肿大。建议在所有猪日粮中至少包含0.20毫克/千克的碘。

（6）硒

硒和维生素 E 共同发挥抗氧化功能以阻止组织器官和肌肉变性。缺硒可以导致以下症状：①育肥猪发生桑葚型心病而突然死亡（一般为健康猪）。猪死亡前出现抑郁、肌肉震颤、呼吸困难和体温升高，大腿和耳朵皮肤变色。②由于肝脏损害和出血，造成肝营养机能障碍（坏死性肝炎），成为突然死亡猪的特征，并且可与桑葚心病同时发生。快速生长的猪通常受影响更大。③肌肉营养不良（白肌病）。由于肌肉变性，猪表现僵硬和跛行，可能因为心脏受损突然死亡。④硒缺乏可能与胃溃疡有关。病猪表现无精打采，并排暗色黏性粪便。

（7）铜

铜是很多酶以及红细胞中血红蛋白的合成所必需的。新生仔猪肝脏铜的贮存量低，因此仔猪需要补铜。对成年猪，由于谷物中缺铜，所以日粮中添加铜也是必需的。一般认为，在生长猪的日粮中添加 120 毫克/千克的铜，有促进生长的效能。

（8）锰

锰是机体数种酶的成分，是构成骨骼的有机基质所必需的，因此它在骨骼生长中的作用十分重要。缺锰导致跛行和僵直，降低骨骼生长速度，造成死胎和弱仔，因而降低母猪的繁殖力。缺锰对于育肥猪的生长、饲料转化和脂肪沉积均有不利影响。

90. 生长育肥猪对于维生素的需要

猪饲料中添加维生素的水平，应满足生长猪在自由采食的条件下对维生素的需要量。

同样，母猪饲料中维生素的水平应根据它的饲料消耗量。通常是假定哺乳母猪采食的饲料是足够的，空怀母猪平均每日至少采食 2 千克。表 10 推荐了各类猪日粮中各种维生素的添加水平。

表 10   猪日粮中维生素建议添加量

维生素	每千克日粮需要量		
	仔猪	生长育肥猪	种猪
维生素 A（单位）	7500	5000	7000
维生素 D（单位）	500	500	1000
维生素 E（单位）	40	40	60
维生素 K（毫克）	2	2	2
维生素 B_{12}（微克）	30	25	25
维生素 B_2（毫克）	12	12	12
烟酸（毫克）	40	30	30
泛酸（毫克）	25	20	20
胆碱（毫克）	600	300	600
生物素（微克）	250	0	250
叶酸（毫克）	1.6	0	4.5

91. 生长育肥猪的饲养中对传统方法必须进行哪些改进？

我国劳动人民在长期的养猪实践中,形成一套传统的养猪方法。如吊架子肥育法;用单一饲料煮熟喂猪或用稀汤灌大肚的方法,并实行以膘定级、大猪屠宰等。这些方法对养脂用型土种猪是合适的,但对现代瘦肉猪的饲养就显得很不科学,必须进行改进。

（1）改单一饲料为饲料多样化

不同饲料各种养分的含量不同,而多种饲料搭配使用,可使养分互补,提高日粮的营养价值和饲料转化率。笔者调查研究证实,用单一玉米喂猪,每千克增重需消耗玉米 6 ~ 7 千克;而用配合饲料仅需 3 ~ 3.5 千克,而且会将瘦肉型猪养成脂用型猪。因此,在喂养商品瘦肉猪时,首先要求饲料多样化。一般至少有 5 种以上的饲料成分,其中 2 ~ 3 种是含蛋白质高的。其次,草粉类喂量不宜过多,否则会加大饲料体积,影响饲料适口性及总干物质采食量。猪的喂料量以个体重的 3% ~ 5% 为好。

在猪的日粮中,各种饲料大致搭配的比例如下:谷实类 50% ~ 70%,饼粕类 10% ~ 20%,糠麸类 10% ~ 15%,动物性饲料 3% ~ 8%,草粉 3% ~ 7%,矿物类 2%。如果有条件可以使用含有蛋白质、矿物质和维生素的浓缩料(也称料精),用量 20%,混合一定数量的玉米和麸皮。还可以购买含有矿物质、维生素和饲料酶的预混料,用量 1% ~ 3%,但需添加足量的能量和蛋白质饲料。在没有条件购买浓缩料及预混料时,建议根据当地饲料条件选择以下饲料配方(见表 11)。

表 11　生长肥育猪日粮配方(%)

原料	20 ~ 60 千克			60 ~ 90 千克		
	I	II	III	I	II	III
玉米	60	57	60	56	60	62
麸皮	10	12	14	14	19	19
菜籽饼	8	18	8	7	10	4
棉籽饼	7	7	5	7	6	4
豆饼	9		3	4		5
草粉		4	3	4	3.5	
鱼粉		0.5	2	2		
石粉	0.3	0.7	0.5	0.8	0.7	0.5
骨粉	1	0.5	0.2	0.3	0.5	
食盐	0.3	0.3	0.3	0.4	0.3	0.3
啤酒糟	4.4		4	4.5		5.2

（2）改熟料为生喂

传统的熟料喂猪法，不仅加重了饲养员的劳动强度，增加设备的成本，还会由于高温加热造成一些营养成分的损失，特别是维生素会全部被破坏，影响猪的生长和健康。

但生喂粉料时，饲料颗粒容易呛入猪的呼吸道中引起咳嗽，因此一般用25%左右的清水进行拌湿，饲喂干湿料。据资料介绍，干湿料饲喂比干料饲喂提高了饲料转化率。

饲料转化率的提高可能是由于减少了饲料的浪费，而获得较好的增重效果来自较高的饲料摄入。但不可避免的是，较高的饲料摄入必然导致轻微的胴体脂肪增加。

（3）改稀料为稠料

我国广大农村，习惯于用稀料喂猪，一般料与水的比例达到1:（8~10），这种稀汤灌大肚的方法主要缺点是降低了饲料的消化率，严重影响了猪的生长发育。所以现在提倡用稠料或湿拌料喂猪。在有条件的地区可以喂干粉料、干湿料或颗粒料。饲料的形态对猪的增重和瘦肉率有明显影响。其优劣顺序是：颗粒料＞干湿料＞干粉料＞稠料＞稀料。

稠料的料水比一般为1:（3~4），湿拌料为1:（0.5~1）。不论是稠料、湿拌料或干粉料、颗粒饲料，喂后一定要供给充足、清洁的饮水。

（4）改先吊后催为先催后吊

我国传统的饲养方式是"吊架子"肥育法，即先吊架子（长骨骼）后催肥。这种方式在过去粮食不足的情况下，曾起过良好的作用，特别是肥育脂肪型猪，能促其体肥膘厚。但是对商品瘦肉猪，这种方式就不适用了，因为它可以增加膘厚，降低瘦肉率。

根据猪前期长肉快，后期长脂肪的特点，提倡先催后吊的饲养方式,在育肥猪体重达 75 千克以前,采用尽量饲喂、自由采食,促使其肌肉快速增长。体重大于 75 千克时,采用限量饲喂,限量的范围在 10% ~ 30% 之间。实践证明,先催后吊法不仅不会影响猪的育肥速度,而且可以节省大量饲料,明显提高胴体瘦肉率。

（5）改大猪屠宰为适时屠宰

猪的屠宰体重,不仅影响胴体瘦肉率,而且直接关系到养猪的经济效益。猪的体重越大、膘越厚、脂肪越多、瘦肉率越低,而且育肥时间越长,饲料利用率越低,经济效益越差。然而,许多人对此不甚了解,仍以为养大猪有利,这是完全错误的。

所谓"适时"屠宰,是指猪的生长速度开始变慢,经济效益最高的时期。研究表明,不同的猪种,适宜的屠宰体重不一样。纯种瘦肉型猪以 100 ~ 110 千克为宜,国内培育的新猪种及其与瘦肉型猪的杂种后代为 90 千克,地方猪种以 70 ~ 80 千克为宜。

92. 生长育肥猪咬尾怎么办?

猪咬尾症在集约化和规模化养猪场时有发生,而且一旦发生还难以制止。根据实践经验对咬尾症应采取以下 8 项措施:

（1）必须满足猪的营养需要

咬尾症发生的原因之一是日粮营养失调,搭配不当。故应根据不同阶段的营养需要供给全价配合饲料。发现有咬尾现象时,应在饲料中添加一些矿物质和维生素,同时保证充足的饮水。

（2）猪的组群要合理

从外界购入大量仔猪时,应把来源、体重、毛色、性情等方面差异大的猪组合在一圈饲养。如有因运输而碰伤皮的猪,应及时分开饲养,以防因血腥味引起相互咬尾。

（3）饲养密度要适宜

猪的饲养密度一般要根据圈舍大小而定。原则是以不拥挤、不影响生长机能和正常采食、饮水为宜。一般以每群饲养 10～12 头为宜。冬季密一些,夏季疏一些。严格地按 2～3 月龄的猪每头占地面积 0.5～0.6 平方米,4～6 月龄占地为 0.6～0.8 平方米。

（4）育肥猪应早去势

提早去势不仅能提高育肥性能和胴体品质,而且还有利于避免因公母猪的相互爬跨而引发咬尾症。

（5）环境卫生要良好

猪对环境卫生很敏感,尤其是规模化、集约化养猪场。必须要有良好的通风设备。使猪舍达到夏季能防暑降温,冬季能防寒保暖的标准。

（6）定期驱虫

在猪的一生中,应定期驱除体内寄生虫 2～3 次,即分别在猪 30～40 日龄、70～80 日龄、100～110 日龄时各驱虫 1次。同时还要注意驱除体虱、疥癣等;否则,会因寄生虫的影响而导致咬尾症的发生。

（7）单独饲养有恶癖的猪

咬尾常因个别好斗的猪引起。因此,在猪圈中发现有咬尾恶癖的猪时,应及时从猪群中挑出单独饲养。对待特别好斗、好咬又无圈单独饲养的猪,可每头用氯丙嗪 80～100 毫克、20% 硫酸镁 20 毫升进行肌注,或灌服安眠药 3～4 片,保持安静。

（8）治疗方法

对轻微咬尾的猪群,可采用白酒或汽油稀释后对猪群进行1~2次喷雾,能起到有效的控制;对被咬伤的猪应及时用高锰酸钾液清洗伤口,并涂上碘酊以防伤口感染,咬伤严重的可用抗菌素治疗。

93. 生长育肥猪要做好哪些管理工作?

(1)创造一个适宜的环境条件

猪自身调节温度的能力特别差。它们只有极少的汗腺可以在热天进行调节,也只有极少的被毛抵御冬季的寒冷。因此猪舍必须具有良好的隔热保温效果。根据试验,生长育肥猪的最佳温度范围为18~20℃。在此温度之上或之下,猪将产生应激反应,饲料效率下降。例如,当温度在20~28℃之间,猪舍内的温度每下降1℃,生长发育肥猪每天平均需要增加能量209.2千焦;在12~20℃之间,每降低1℃,每天需要增加能量41.4千焦以上。这意味着每降低1℃,每头猪每天要多消耗33克饲料。

为了减少气温的不良影响,可以采取以下措施:①猪舍隔热保温要好;②冬季防止贼风侵袭,可以用塑料温棚养猪,地面铺垫草;③夏季防暑降温,种植藤蔓作物或喷洒凉水以降温;④防止舍内空气湿度过大;⑤经常保持圈舍清洁。

(2)猪的饲喂应做到"四定""四净"

"四定"即定时、定量、定温、定质。固定饲喂时间可使猪形成良好的生活习惯。根据猪的大小,供给其定量(自由采食除外)优质饲料,一般小猪喂料量占体重的5%,大猪占3%。要根据不同季节的气候变化,让猪吃到温度适中的饲料。尤其是在寒冷的冬季和早春时节,要用温水拌料,饮温水。猪的管理要做到"四净",即圈净、料净、槽净和体净。

（3）合理分群、圈栏宽敞

育肥猪大群饲养、同槽进食，能提高食欲、促进生长，有效地利用圈舍和设备条件，提高劳动生产率，降低生产成本。但如果分群不合理又会因咬架、争食等现象而影响猪的增重。猪合理分群主要依据来源、体重和强弱等进行。一般把来源相同、体重接近、强弱、性格基本一致的猪分群喂养。每群猪的头数不宜过多，要依圈舍面积和饲养密度而定。合理的饲养密度为 3～4 月龄的育肥猪每头需要圈舍面积 0.6 平方米，4～6 月龄 0.8 平方米，7～8 月龄 1 平方米，9 月龄以上 1.2 平方米。每 2 头育肥猪要有 20～30 厘米的饲槽。

（4）做好防疫工作

（5）保证猪有充足清洁的饮水

在有自来水供应的条件下每头生长发育肥猪日需水量为 7.5 升。供水的方式为水槽或乳头式饮水器。水质要清洁，无细菌和化学物质污染，尤其是亚硝酸盐类。

八、种公猪的养育

94. 搞好种公猪养育的意义是什么？

公猪是种猪群中的重要组成部分。种公猪理想的繁殖性能具有十分重要的价值。因为在一般的生产条件下1头种公猪要配20~30头母猪。正所谓"母猪管一窝、公猪管一坡"。

95. 简述种公猪的营养需要

在良好的圈舍和环境条件下种公猪日粮的安全界限为：蛋白质13%、赖氨酸0.5%、钙0.95%、磷0.8%。在为种公猪配制日粮时要根据公猪的类型、配种量、圈舍和环境条件等灵活掌握。

96. 种公猪的饲养目标是什么？如何做好种公猪的饲养？

饲养种公猪的基本目标是使其保持精力充沛，性欲旺盛，不肥不瘦，能产生出高品质的精液，以便获得优良的后代。成年公猪要稍微偏瘦，因为过于肥胖的体况会导致种公猪性欲下降和患肢蹄病。因此，要做到以下几点：

（1）营养全价

要使公猪体质健壮，性欲旺盛，精液品质好，就必须根据其营养需要供给营养全价的饲料。

公猪每次射精量为100~500毫升，高于其他家畜，一般比牛、羊高出50~250倍。公猪的精液中干物质占到2%~

10%,其中 60% 是蛋白质。一些实验发现,饲料中蛋白质的质量对精子的形成、精子的活力、数量以及公猪的配种能力均有明显影响。所以必须供给足够的优质蛋白质,特别是赖氨酸的含量。

维生素与公猪的健康和精液品质也有密切关系。特别是维生素 A、D、E 和 B 族,缺乏这些维生素,公猪的性欲下降,精液品质变差,甚至会使睾丸肿胀或干枯萎缩,以致失去配种能力。按照饲养标准,公猪每千克饲料中应含维生素 A 4100 单位,维生素 D 275 单位,维生素 E 91 单位。在有青绿饲料的季节,应多喂一些青草。

矿物质对公猪的精液品质也有很大影响。要特别注意钙、磷的供给量及二者间的比例关系。若供给不足或比例失调,会严重影响公猪的正常代谢,降低精液品质。尤其会产生大量的畸形精子和死精子。公猪的日粮中钙磷的比例以 1.5∶1 为好,即每日喂 15 克钙、10 克磷。此外,还应供给适量的铁、锌、钴、锰等微量元素。为了补充这些元素,可以选用市售的预混料或微量元素添加剂。

(2)饲料应合理搭配

种公猪的日粮除应满足上述各种营养成分外,还应注意饲料的合理搭配,做到饲料品种多样化。适宜于喂公猪的谷实类饲料有玉米、大麦和高粱等。我国绝大多数地区以玉米为主,但其配合比例一般不应超过 50%;豆类饲料有大豆、豌豆和黑豆等。加工副产品有麸皮、豆饼(粕)、棉子饼(粕)和菜籽饼(粕)(比例不超过 5%~10%)等。在配种季节到来前 1 个月或配种旺季,要补饲动物性蛋白质饲料如鱼粉、血粉、小的活鱼、活虾或鸡蛋等。饲料的配合要因地制宜。表 12 中列出几种公猪的饲料配方,供参考。

表 12　种公猪饲料配方（％）

	非配种期		配种期		
	I	II	I	II	III
玉米	46	46	40	42	43.5
大麦	10	8	10	10	10
高粱	8		5		13
麸皮	21	30	25	25	10
豆饼(粕)	13	6	18	12.5	13
鱼粉				3	2
干草粉		8		5	5
骨粉		1.5		2	3
食盐	1.0	0.5	1.0	0.5	0.5
石粉	1.0		1.0		

（3）控制饲料喂量

种公猪的采食量应根据具体情况来调节。既要防止采食不足，又要防止采食过量。一般 1 头公猪在非配种期，每天喂混合饲料 1.5～2 千克，在其配种期喂 2～2.5 千克。饲料调制应稀稠适中，以生料拌湿为好，日喂 3 次。要防止公猪过瘦或过肥。过瘦难以承受配种任务，影响受胎率和种用价值；但过肥的公猪往往性欲降低，甚至失去配种能力。

97. 种公猪的管理主要要做哪几件事？

（1）单圈饲养

种公猪要单圈饲喂，圈舍面积为每头猪 6～8 平方米，有条件的地方还可以设置一定面积的运动场。公猪舍要建在安静、向阳和离母猪舍有适当距离的地方。围墙（或栏）要高而坚固，减少外界干扰，杜绝爬跨，避免发生自淫。

（2）适当运动

公猪进行适当运动，不仅可促进食欲，增强体质，避免过肥,提高精液品质和配种能力,而且可防止肢蹄病的发生。在有放牧条件时,公猪每天应保持 2～3 小时的放牧运动。每天上午、下午各 1 次,每次运动 0.5～1 小时,行程约 2～3 千米。

(3)建立稳定的管理制度

要根据不同季节为种公猪制定一套饲喂、饮水、运动、刷拭和配种(或采精)等日常管理制度,使公猪养成良好的生活习惯,增进健康,提高配种能力。

要保持圈栏和猪体的清洗卫生。在有条件的地方应定期对公猪进行称重和精液品质检查,以便根据体重变化和精液品质的好坏调整营养、运动和配种强度等,保证公猪有健壮的体质和良好的种用价值。

98. 怎样合理利用种公猪?

(1)合适的初配年龄

公猪初次配种的年龄因品种而异。一般地方猪种和培育猪种,应在 8～10 月龄,体重 60～70 千克时开始配种;而外来的瘦肉型猪种应在 10～12 月龄,体重 80～120 千克时配种。如初配年龄过早会影响公猪的生长,与配母猪的产仔数也少,并且会使公猪提早衰老,缩短利用年限。

(2)合理的配种强度及正确的配种方法

公猪的配种次数,一般掌握在 1 头青年公猪(8.5～12 月龄)可以 1 天配种 1 次或每周 7 次;而 1 头成年公猪(超过 12 月龄)可以 1 天配种 2 次,但每周不应当超过 10 次。若 1 天配 2 次,应早、晚各 1 次。配种时间应在饲喂前或饲喂后 1 小时。夏季可在早晚凉爽时交配。配种旺季,要注意公猪的体况、食欲和配种行为变化,不能为谋求眼前的经济利益而放任公猪的使用,使其过度疲劳,影响配种受胎率和猪的终生配种能力(见表13)。

表13 公猪配种频率的建议

	青年公猪 (8~12月)	成年公猪 (>1岁)
每天	2	3
每周	2	12
每月	25	40

九、种母猪的养育

99. 何谓空怀母猪？它包括哪些阶段的猪？

空怀母猪指已逾配种月龄尚未配上种的后备母猪,或者仔猪断奶后多日仍未配上种的哺乳母猪,包括断奶母猪、流产母猪、返情母猪、长期不发情母猪。

空怀母猪包括后备母猪和断奶后母猪。

100. 简述青年后备母猪的培育目标和饲养方法

一个大型的养猪场每年要更换 30% ~ 40% 的经产母猪,因此青年后备母猪的选留和管理是一个很重要的问题。饲养后备母猪的目标在其 200 日龄、体重达到 110 ~ 130 千克时发情配种。为此,饲养管理上要做到以下几点:

(1)保证足够的饲料摄入量

一般来说,正常的饲料摄入水平不会对后备母猪的初情日龄有影响。然而一些研究发现,急剧地限定饲料摄入量(如为自由采食量的 50%)将会大大延迟初情期。资料表明,母猪的饲料摄入量减少 15% ~ 20%,初情期将延迟大约 9 天。

后备母猪在第 1 次配种之前,限制饲料摄入将会导致背膘的变薄,这样可以引起繁殖上的问题。有人测定,如果母猪背中部脂肪厚度不足 7 毫米,就会发生繁殖方面的问题。因此通过自由采食的方式,第 1 次配种之前,要使后备母猪积累脂肪,这样可以延长母猪的使用寿命。绝大多数的后备母猪在 120 千克时都可以安全配种生产。对于体瘦的母猪,只要供给充足的饲料,即使其背膘只有 16～18 毫米,也能完全配种生产。在怀孕期,这些青年母猪将增加 2～4 毫米厚的脂肪,增加 25～30 千克的体重,在体重 145～150 千克、背膘厚达 20 毫米时产仔。

(2)一定的蛋白质供给水平

试验表明,蛋白质不足将显著地延迟育成母猪达到初情的日龄,因此,在青年母猪发育期,饲喂含有全价蛋白质和氨基酸水平的饲料是很重要的。从开始选种到配种应采用自由采食的饲喂方式,提供日粮中有关成分的最低含量值,即粗蛋白质 14%～16%、赖氨酸 0.7%、钙 0.95%、磷 0.80%。

(3)用公猪最大限度地刺激育成母猪

直接使用公猪暴露法去刺激育成母猪成熟,或使用试情公猪去刺激育成母猪成熟,都是育成母猪初情期刺激的确实而有效的方法。为了加速青年母猪的发情,要做到以下几点:①在 65～75 千克时选择优秀的青年母猪;②在使用青年公猪刺激之前至少 1 周,要保证最大的饲料摄入;③在公猪圈内,将青年母猪放入成年公猪中(至少是 9 月龄的公猪),每天 20 分钟,记录日期和所发生的表现;④如果可能的话,在第 1 个发情期使用试情公猪和没有授精能力的公猪与青年母猪交配;⑤在青年母猪配种以后,应给予特别照顾。每天饲喂的饲料量不超过 2.5 千克。在妊娠后的前 2 周内,高水平的饲养会导致胚胎的死亡率提高 10%。

101. 简述经产空怀母猪的饲养目标和饲养方法

从仔猪断奶到配种前的一段时间称为空怀期。母猪空怀期饲养的主要目标是使其迅速恢复体力,达到正常的繁殖体况,以利再次发情配种。因此,空怀母猪的饲料中必须供给足够的蛋白质、矿物质和维生素等养分,并视其膘情调整日粮组成和喂料量。一般日粮中包括混合精料 1.9～2.5 千克,青绿多汁饲料 3～5 千克,分早、中、晚 3 次饲喂。在工厂化养猪条件下,特别要注意日粮中粗纤维素的喂量,一般占日粮总干物质的 6%～8%。

空怀母猪的饲料配方可参考表 14。

表 14　空怀母猪的饲料配方(%)

饲料种类	玉米	大麦	高粱	麸皮	豆饼	白薯干	青干草粉	骨粉	食盐
配方Ⅰ	40	10		30	6		11	2.5	0.5
配方Ⅱ	30			20	13	18	17	1.5	0.5
配方Ⅲ	34	10	10	29	6		8	2.5	0.5

在管理上,要注意保持圈舍清洁干燥、通风透气、采光良好。有条件者,要适当运动,以促进母猪发情。空怀母猪一般在断奶后 7～10 天即可发情配种。对于久不发情,或屡配不孕的母猪除加强营养外,要采取一些促使母猪发情排卵的措施,其中包括:①诱情:用试情公猪追逐久不发情的母猪,通过公猪的接触爬跨等刺激,促使母猪发情。②并圈群养:将久不发情的母猪与正在发情的母猪合圈饲养有利于发情。③控制哺乳次数:在训练仔猪开食后,可以隔离母仔,控制哺乳次数,母猪多在控制哺乳后的第 6～9 天开始发情。④激素催情:可用孕马血清 800～1000 单位 1 次肌肉注射,约 4～5 天后开始发情,再注射 800 单位绒毛膜促性腺激素后,即可配种。⑤催情补饲:补加精料促进发情。

102. 妊娠母猪有何特点？

猪的妊娠平均为 114 天(3 个月加 3 周加 3 天)。妊娠的前 2 个月称为妊娠前期。最后 1 个月称妊娠期。妊娠母猪的特点是：合成代谢增强,对饲料的消化利用率明显提高；妊娠前期胎儿生长很慢,后期很快；胎盘和胎水也不断增加,致使母猪腹腔容积不断缩小。

103. 为什么要对妊娠母猪进行限饲？

妊娠期间给母猪饲喂大量饲料,会使其体重大量增加,但对窝产仔数和仔猪初生重影响很小。调查研究表明,每天饲料消耗量增加 1 千克,初产母猪和经产母猪所生仔猪的初生重分别增加 0.02 千克和 0.05 千克,而其本身的体重要增加 0.013 千克。因此妊娠期要限量饲喂母猪,一般认为每天摄入 1.8 ~ 2.7 千克的饲料是足够的。饲喂 1.5 千克饲料是一个最低的界限,饲料的摄入量有一个较宽的范围(约 3 千克),超过这个范围对猪产仔数影响很小。但是,饲料摄入量过高的母猪会变得过肥,窝产仔数实际上会减少。

(1)妊娠期限制饲喂的好处：①增加胚胎的存活；②减轻母猪分娩困难；③减少母猪压死初生仔猪；④母猪在哺乳期体重损失减少；⑤饲养成本显著降低；⑥乳房炎的发病率降低；⑦延长猪的繁殖寿命。

研究表明,妊娠期的饲料消耗量和哺乳期的饲料消耗量之间是负相关。这就意味着当妊娠期饲料摄入量增加,哺乳期饲料摄入量就减少。这个发现是很重要的,因为在哺乳期饲料消耗量和奶产量的高低之间有直接的正相关关系。在哺乳期,通过增加饲料的摄入量,可使奶产量达到一个较高的水平。奶产量的增加能够提高哺乳小猪的生长速度。因此,为了在哺乳期使母猪能有最大的产奶量,就得控制母猪在妊娠期饲料的摄入量。

104. 怎样做到妊娠母猪的限饲?

(1) 单独定量饲喂法

表 15　种母猪的饲养计划(用全粉状料)

生理阶段	全粉状饲料		
	饲养天数	千克/天	总计(千克)
从断奶到配种后 7 天	21	2.5	53
怀孕早期(止 12 周)	80	2.3※	184
怀孕后期	28	2.5	70
泌乳期(带 10 头猪仔)	42	5.5※※ (3.5～8)	231
母猪每窝粉状饲料消耗量(千克)			538
全年产 2 窝仔猪总消耗量(千克)(538kg×2)			1076

注:※体胖母猪日喂 2 千克(约 250 千克活重);头胎和过瘦的母猪喂 2.6 千克。为了使猪吃饱要加喂一些干草粉或糠麸。

※※分娩以后日粮逐渐增加,从 2 千克逐渐增加到 1～2 个泌乳周时的吃饱量。从第 4 周起逐渐减少,断奶时吃到 3 千克。

在工厂化养猪条件下,可以利用妊娠母猪栏单独饲喂,最大限度地控制母猪的饲料摄入。如果使用全粉状饲料,建议按表 15 的标准进行饲喂。

单独定量饲喂法的优点是可以节省饲料,避免母猪之间相互抢食、咬架,减少小猪出生前的死亡率。

(2) 隔天饲喂法

当母猪成群舍饲时,虽然饲料总量减少,但强壮的个体往往采食过多,而胆小的母猪只能吃所剩余的少量饲料。

因此可以采用隔天饲喂的方法。在这种饲喂系统中，母猪按照预先制定的计划每周采食 3 次，每次自由采食 8 小时。在剩余的 4 天中，可以通过 1 个入口去饮水，但不给饲料。

从所有的研究资料看，母猪很容易适应这个系统，而且繁殖性能没有降低。采用这种方法要求仔细而且稳定的管理。其中最重要的是提供充足的饲喂空间，最好能做到每头猪有 1 个饲槽位置。母猪群的规模限制在 30～40 头之间。

（3）日粮稀释法

即在母猪的饲粮中掺加高纤维素饲料使其可以自由采食，例如苜蓿草粉、稻糠、米糠以及粉碎的秸秆等。这种方法的优点是节省劳动力，缺点是母猪容易过肥。

（4）母猪电子饲养系统

自动饲喂器的使用为群饲母猪在妊娠期控制采食量提供了很好的方法。这个系统使用了电子饲喂站去自动供给各母猪预定的饲料量。计算机控制饲喂站，通过母猪耳标上的密码或母猪颈圈上的传感器来识别母猪。当母猪要采食时，它就来到饲喂站，计算机就会自动地分给它饲料中的一部分。

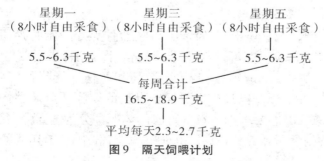

图 9　隔天饲喂计划

105. 采用限量饲喂时必须考虑哪些因素?

母猪在妊娠期采取限量饲喂,尽管有许多优点,但必须保证每天的饲喂量为 1.8 ~ 2.7 千克,同时还要根据母猪个体的具体情况而改变。在确定母猪的饲养水平时还要考虑以下因素:

(1)母猪体格的大小

体格越大,维持需要越多,对饲料要求的数量就越多。母猪体重每增加 10 千克,能量需求就要增加 5%(详见表 16)。

表 16　妊娠母猪的饲养表*

母猪体重 (千克)	饲料 (千克/天)	预计母猪 增重(千克)	母猪体重 (千克)	饲料 (千克/天)	预计母猪 增重(千克)
120	2.0	30			
140	2.1	25	200	2.4	20
160	2.2	25	220	2.5	20
180	2.3	20	240	2.6	15

注:* 采用个体饲养,13% 蛋白质,0.5% 赖氨酸,室温 18 ~ 20℃。超过 120 千克体重,每增加 1 千克允许饲料量增加 5 克。

(2)母猪的体况

肉眼观察尾根部、臀端、脊柱、肋骨等处的脂肪存积量和肋部的丰满程度可以较为准确地估计母猪体况。过瘦或过肥均会招致发情延迟、淘汰率增高和产仔性能降低等问题。因此,在实际饲养过程中要根据母猪的体膘评分调整饲料喂量(表 17)。要求母猪在分娩时的体况评分为 3.5 分,在断奶时不得低于 2.5 分。3 分是理想的,猪群中将有 10% 的猪是 2 分。

表 17　根据体况评分调整断奶母猪喂量

评分	饲料的变化（千克）	评分	饲料的变化（千克）
1.0	+0.60	3.5	-0.20
1.5	+0.40	4.0	-0.30
2.0	+0.30	4.5	-0.40
2.5	+0.20	5.0	-0.60
3.0	+0.00		

（3）所提供的环境条件

21℃是母猪生长要求的最低临界温度。如果母猪圈舍温度低于21℃,就要给予一个高的饲养水平,否则会导致体重下降。因此,在确定饲养水平时,母猪的体况也是一个因素。瘦猪比肥猪隔热层薄,对较低环境温度的调节能力差,因此需要饲料多。在寒冷条件下,让母猪群居,提供干草或其他垫草可以减轻较低环境温度所产生的负效应。

当母猪单个圈养时,温度要保持20～21℃;当母猪群居舍饲养时17℃的温度条件是适当的。如果提供垫草的话,15℃的温度就比较合适。但是,当母猪群居对,要比单圈饲养多提供15%的饲料。

（4）猪群的健康状况

在妊娠期,猪群的健康状况也对饲养水平有影响。

研究表明:在同一饲料摄入水平的情况下,感染寄生虫的母猪,在妊娠期间体重下降,而没有感染寄生虫的母猪体重略有增加。另外,2群母猪在繁殖性能上有很大区别。这个研究结果强调了种猪群常规驱虫的重要性。

除了以上4个因素以外还有饲养方法、生产性能水平和管理标准等。

尽管实行限量饲喂,但对妊娠母猪来说,增加35 千克体重(其中25千克为胎膜、羊水、子宫和乳房)还是必要的。因为1头头胎母猪,大约在产第5窝仔猪时才能达到成熟。在此期间,其骨骼正在发育。为了防止生产性能下降,维持正常体况,每天母猪要多供给0.2千克饲料。对于体况较差的母猪,在妊娠期的最后1周,每天将母猪的采食量增加1~1.5千克,将使仔猪初生重增加50~100克。

表18　妊娠后期母猪饲料配方(%)

原料	1	2	3	4	5	6	7
玉米	46	20	30	30	35	40	50
高粱	10	12				30	
大麦	10	30	8	8	10		10
稻谷		12	21	28			
糠			15	13			
麸皮	8	12	10	10	45	8	14
豆饼(粕)	16	12	10	6	5	20	16
干草粉	3.5	1.0					4
鱼粉	3		4	3	3		3
骨粉	3				1.5	1.5	2.5
贝粉			1.5	1.5			
食盐	0.5	0.5	0.5	0.5	0.5	0.5	0.5
石灰石粉		0.5					

妊娠母猪日粮中应含12%的蛋白质,0.43%的赖氨酸,能量为13~97兆焦/千克。表18是推荐的几个妊娠后期母猪的饲料配方。

106. 泌乳期母猪为什么要增加营养?怎样增加营养?

1头哺乳母猪每天奶产量大致为7.0千克。其干物质产量相当于妊娠母猪怀孕期2天的干物质采食量。所以说,哺

乳母猪的营养需求比妊娠母猪高。因为妊娠期母猪饲养受到适当限制,所以哺乳期母猪应喂好。为此,要做到:

(1)使母猪的采食量增加到最大限度

饲养泌乳母猪总的目标应该是采食量增加到最大限度,体重下降减少到最低限度。从分娩的当天开始,应该给哺乳母猪尽量地饲喂新鲜饲料,以后的喂料量应根据带仔的多少而定。日粮要求饲料多样,营养全面,易于消化。日粮中应该包括:脂肪4%、蛋白质14%、赖氨酸0.7%,每天饲料摄入量依据母猪的体重、奶产量及成分、猪舍状况、母猪带仔多少以及体重的变化幅度灵活地予以掌握,一般6~8千克干物质,或4~6千克混合精料和3~5千克青饲料。每天分3~4次饲喂。饲料配方参考表19。

表19　哺乳母猪的饲料配方(%)

原料	1	2	3	4	5
玉米	52.5	44	45	30	53
高粱			10		
大麦			10	8.0	10
稻谷				18	
糠				15	
豆饼(粕)	18	17	12	12	15
麸皮	8	10	18	10	5.5
白薯干	10	15			
干草粉	5	7.5	3		4
鱼粉	5	5		5	10
骨粉	0.5	0.5			2
贝壳粉			1.5	1.5	
碳酸钙粉	0.5	0.5			
食盐	0.5	0.5	0.5	0.5	0.5

注:可在配方基础上另加4%的脂肪。

母猪一般靠消耗背膘来泌乳,泌乳期在某种程度上必然会减轻一些体重,但是体重减少的程度可以通过泌乳期的适当饲养而加以控制;否则,可能会影响繁殖。如果母猪在分娩后10天仍不能很好泌乳,就要检测日粮,特别注意钙和磷的数量及比例。在泌乳期蛋白质也要有足够摄入,以保证在断奶后能及时发情和排卵。

(2)保持适当的产房环境

母猪哺乳期,产房应该保持较低的温度($18 \sim 21℃$),可以使母猪消耗较多的饲料,降低其体重减少的幅度,提高仔猪断奶重。因此,如果要母猪摄取较多的饲料,就需提供低于整个猪舍的温度,使其处于较凉爽的环境,而仔猪则需保持在较为温暖的环境下,如果产房温度超过18℃,每增高1℃,母猪饲料摄入量将减少100克。据估计,如果在整个泌乳期,母猪每天额外增加1千克饲料,可以减少体重损失约7千克。

(3)适当增加饲喂次数

每天饲喂2次比饲喂1次能够消耗更多的饲料,如果饲喂次数更频繁,消耗的饲料就会更多,因此最好在分娩栏前设1个小的饲槽,让母猪自由采食。

(4)应用湿拌料或颗粒料,增加母猪采食量

资料表明,在饲料中掺水一起饲喂,每天可增加采食量0.45千克。另外,母猪在温暖环境下(25℃)采食湿拌料比采食干饲料多(每天多0.55千克)。饲喂颗粒料同样可提高饲料采食量。

(5)提供充足、清洁的饮水

由于母猪对饲料摄入量的增加,水的需求量也会相应增加。如果缺水,饲料采食量和母猪体重均会降低,因而泌乳

减少。1头哺乳母猪每天消耗32升的水。乳头式饮水器应安装在母猪容易接近的位置,要求水的流速为1升/分,这是理想的流速。为了防止堵塞,应定期检查。

(6)保持哺乳母猪舍的清洁、干燥和通风,保护好乳房和乳头,注意适当运动。

107. 母猪干奶的意义是什么? 怎样进行干奶?

从母猪断奶到再配,其饲养管理方法有较大的分歧。有人认为,让母猪在断奶时饥饿,将会快速干奶,并很快表现发情。另一些人认为在断奶以后立即给予有节制的高水平饲养,将会达到很好的发情和配种效果。

干奶的方法是将母猪从产房中赶出,让奶在乳房中积存,结果会增加乳房中的压力,这样会有效而快速地停止奶的分泌,刺激猪会很快返回发情。母猪干奶以后,饲养水平选择在介于断奶和配种之间可使足够的卵子得到释放,受精并成功地着床。青年母猪产后不易发情的原因多数是由于产后体况较弱,断奶后与经产母猪发生咬架应激引起的。青年母猪再配时,如果发现有问题,断奶后应将它们分开饲养。从断奶到再配,为体况较差的青年母猪提供充足的饲料,将提高受胎率和母猪的产仔率,减少配种所需的天数。配种后应立即减少饲喂量到维持水平。

108. 怎样进行断奶后母猪的饲养?

为了获得好的繁殖性能,经产母猪从断奶到配种,不需要额外增加饲料。为获得高的受胎率和较多的产仔数,从断奶到再配,正常体况的母猪每天只需要18千克的饲料。在天气炎热的季节,母猪的受胎率常常会下降。有一些实际经验表明,在母猪的日粮中添加一些维生素,在高温季节,仍可维持高的受胎率。

在断奶后母猪的日粮中添加高水平的抗生素可以使母猪产仔率提高9%,每窝可以多产0.2头小猪。但对妊娠母猪没有明显效果。

109. 妊娠晚期和泌乳期的母猪日粮中为何要添加脂肪?

(1)在妊娠末期,母猪日粮中添加脂肪可以提高仔猪的成活率

研究表明,绝大多数断奶前仔猪死亡的原因是能量缺乏。仔猪低能量的储备和摄入导致弱小的仔猪死亡或者被母猪压死。在妊娠晚期,母猪日粮中添加脂肪可以提高母猪奶中的脂肪含量和奶产量。这个增加会通过母猪的乳腺将所有的能量转移给小猪。其他的研究表明,通过母猪奶增加仔猪的能量,可以提高成活率大约2.5%。尤其对于初生重小(不足1千克)、死亡率高(大于20%)的猪群添加脂肪的效果更为明显。

(2)添加脂肪减少母猪体组织的消耗,提高繁殖性能

当泌乳期母猪的日粮中添加4%~5%的脂肪时,将会增加6%~7%的代谢能摄入量,因而泌乳期母猪的体重损失减少,繁殖性能和断奶仔猪的窝重提高。

为了提高添加脂肪的效果,必须从分娩前1周开始,母猪每天应喂2千克饲料,其中包含约7%的脂肪。一般母猪采用"自由"采食法。

110. 饲喂霉变饲料对母猪有何危害?

(1)降低采食量,影响动物生产性能

经常采食霉变饲料的动物往往增重减少,饲料转化不良,生长性能降低。这不仅是由于霉变饲料营养成分低,而且还因为霉变饲料中往往含有霉菌毒素,母猪采食量减少,动物体重减轻,饲料效率变差,健康状况下降。

(2)繁殖机能受损

由于饲料中霉菌毒素会引起卵巢机能性障碍,导致卵巢发育不良和激素分泌紊乱,引起后备母猪不发情、发情不明显或屡配不孕。如玉米赤霉烯酮与雌激素受体结合对繁殖性能发挥雌激素样作用,主要侵害畜禽的生殖器官而导致繁殖性能遭到损害。据报道,初情期前后备母猪日粮1~3毫克/千克浓度的玉米赤霉烯酮,临床反应为不发情,外阴阴道炎;未怀孕母猪和后备母猪日粮3~10毫克/千克浓度的玉米赤霉烯酮,临床反应为黄体滞留、不发情、假孕;妊娠母猪日粮>30毫克/千克浓度的玉米赤霉烯酮,临床反应为交配后1~3周出现早期胚胎死亡。据报道,饲料霉菌毒素引起的繁殖障碍,可使母猪在配种后18~30天出现不同程度的流产、后备母猪屡配不孕和部分未曾配过种的小母猪出现"阴道炎"等。

因为霉变可以产生霉菌毒素,严重地影响母猪的繁殖性能,造成母猪早产、死胎,仔猪体弱等问题。因此,在养猪生产中必须绝对防止这种现象的发生。

(3)抑制母猪免疫系统

某些霉菌毒素可抑制单核细胞的吞噬作用及补体产生,从而使动物易患感染性疾病,如黄曲霉毒素能损害与单核细胞运动有关的细胞因子及单核细胞吞噬所需的补体血清因子,抑制单核细胞的运动与吞噬能力。黄曲霉毒素 B_1 是研究得最多的霉菌毒素,它对各种动物的免疫应答反应均产生抑制作用。

十、猪场的设计建设和环境保护

111. 如何做好猪场的选址？

建设猪场,首先要选择好场址。场址选择不周,不仅可导致设备浪费或不能充分利用,经济效益不佳,而且可引起环境方面的问题。

场址选择应考虑以下因素:

(1)适宜的周边环境

包括地形和排污、有无自然遮护、与居民区及周边单位保持足够(500米)的距离和顺风方向,可以合理使用附近土地以及符合当地区划和环境保护要求。

(2)足够的面积

可以用于猪舍、贮存饲料和排泄粪便的建筑,可以防御风、雪和洪水,以及有足够的面积可以用于扩建。

(3)服务性设施和条件比较齐备

公路交通、饲料、水、电和燃料等生产必需条件的供应等。

(4)防疫条件容易设立

兴建1个新的猪场,最重要的条件就是尽可能远离周围的养猪场。在新建猪场的各入口处都要设立关卡设施。锁住所有的门,并在猪舍入口处设1个紫外线灯照射室和消毒踏垫。需设立洗手间和淋浴室,以供工作人员进出猪舍时消毒和清洗。

212. 怎样确定规模猪场的饲养数量和房舍类型？

从产仔到育肥,全程可以分为以下几个部分:①公猪;②配种妊娠猪;③产仔母猪及哺乳仔猪;④保育猪;⑤生长育成猪;⑥育肥猪。各个阶段需要相应的猪舍类型。每一阶段圈舍的多少可根据每周产的窝数或断奶母猪数进行计算。可以根据以下资料规划:①每头母猪每年产仔 2 窝;②母猪怀孕 17 周、空怀 2 周;③每窝产 10 头仔猪;④仔猪 5 周龄断奶,母猪在产仔舍饲养 6 周;⑤育肥猪在 26 周龄(即 182 天)上市。

(1)母猪群的规模,根据每头母猪年产窝数,以及预期达到的每周所需窝数,按下列公式进行计算:

母猪数 = 窝数/周 ×52/窝数(年·头)

例如,1 个猪场每周需产 10 窝,代入后可得,母猪数 = 10 ×52/2 =260 头。这就是说,在每头母猪年产 2 窝仔猪的条件下,如果这个猪场每年出栏 5000 头肥猪,就必须每周产 10 窝仔猪,母猪总饲养量为 260 头。

(2)妊娠配种猪舍,饲养空怀母猪、妊娠母猪和后备小母猪。还需接纳公猪,并建有配种栏。每年淘汰 40% 的母猪,因此需要补充足够数量的后备母猪,以保证周转。如果每头母猪年产 2 窝,那么其繁殖周期即为 26(52÷2)周。该舍内的母猪数量根据母猪群的繁殖性能而定。由于仔猪 5 周龄断奶,母猪在产房停留 6 周,所以在配种 - 妊娠舍的时间为 20(26 -6)周,其中 3 周空怀、17 周妊娠。据此,可以计算出妊娠配种舍的规模大小:

空怀母猪数 = 窝数/周 ×3;

妊娠母猪数 = 窝数/周 ×7;

公猪 = 窝数/周 +2;

后备母猪数 = 窝数/周 ×3。

例如,在上述 5 000 头的猪场中,每周产 10 窝仔猪,则空怀母猪 30 头、妊娠母猪 170 头、公猪 12 头、后备母猪 30 头。每头公猪栏 8 平方米,每头母猪栏 1.9 平方米。

(3)产仔舍的大小应根据产仔栏的使用周期而定。一般按全进全出制设计,每舍 1 房或多房。一般产仔栏的使用周期为:

装入母猪和清洗　1 周

哺乳仔猪　　　　5 周

产仔栏使用周期　6 周

所以,总需产仔栏数为:产仔窝数/周×6。

例如,在上述 5 000 头的猪场中,每周产 10 窝仔猪,则共需 60 个产仔栏。但在实际工作中,由于产仔的不均衡性,应额外增加 20% 的产仔栏,以便应急。每套产仔栏(包括两侧护仔栏)长 210 厘米,宽 170 厘米,占地面积为 3.6 平方米,并应设置 1 仔猪保温箱(图 10、图 11)。

(4)断奶仔猪(保育猪)舍,根据全进全出制可设计为单房或多房。每栏可放 1～2 窝仔猪,因此可根据圈舍数调整保育栏的数量。

保育猪饲养 4 周(6 周龄入舍,9 周龄出舍),因此所需保育栏的数量应为:窝数/周×40。在年出栏 5000 头的猪场中应有保育栏 40(10×4)套。但和产仔舍一样,必须增加 20% 的安全系数,因此需保育栏 50 套。在全漏缝地板上,1 头保育猪所需要的空间为 0.23～0.28 平方米。1 间(1.2×2.4)平方米的仔猪栏可养 10～12 头保育猪。保育猪栏的形式如图 12 所示。

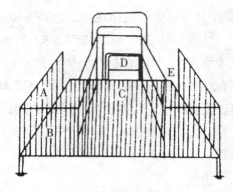

图 10　产床示意图

A 护仔栏侧面　B 护仔栏后面　C 产仔栏　D 饲槽

E 安装仔猪保温箱的空间

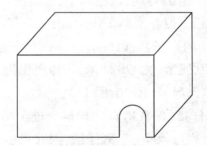

图 11　仔猪保温箱

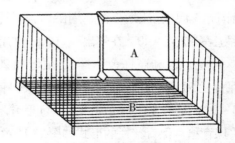

图 12　高床保育栏示意图

A 饲槽　B 保育栏

（5）在生长—肥育猪舍饲养中，一般生长猪9周龄入舍（20千克），17周龄离舍（60千克）；肥育猪17周龄入舍（60千克），25周龄离舍（90～100千克）。2个阶段分别在猪舍停留8周。

生长—肥育猪舍的容量是以每周出栏窝数乘以每窝猪数和在此猪舍饲养的天数。例如，每周出栏10窝肥猪，每窝平均10头猪，生长、肥育猪舍各停留8周。①在群生长猪头数 $= 10 \times 10 \times 8 = 800$（头）；②在群肥育猪头数 $= 10 \times 10 \times 8 = 800$（头）。

如果每圈（栏）饲养生长—肥育猪各10头，则2种猪各需要80个圈（栏）。每头猪需要圈（栏）面积分别是：9周龄（20千克）0.16平方米，17周龄（60千克）0.49平方米，25周龄（100千克）0.82平方米。

如果猪的生长性能有差异，会影响在群时间，在设计生长肥育猪舍容纳能力大小时应予以考虑。

113. 猪舍当中必需的设备有哪些？

猪舍当中必需的设备有：猪栏、漏缝地板、饲料供给及饲喂设备、供水及饮水设备、供热保温设备、通风降温设备、清洁消毒设备、粪便处理设备、监测仪器及运输设备。

（1）猪栏

使用猪栏可以减少猪舍占地面积，便于饲养管理和改善环境。不同的猪舍应配备不同的猪栏。按结构有实体猪栏、栅栏式猪栏、母猪限位栏、高床产仔栏、高床育仔栏等。按用途有公猪栏、配种栏、妊娠栏、分娩栏、保育栏、生长育肥栏等。

实体猪栏：猪舍内圈与圈间以0.8～1.2米高的实体墙

相隔,优点在于可就地取材、造价低,相邻圈舍隔离,有利于防疫;缺点是不便通风和饲养管理,而且占地。适于小规模猪场。

栅栏式猪栏:猪舍内圈与圈间以 0.8~1.2 米高的栅栏相隔,占地小,通风好,便于管理。缺点是耗钢材,成本高,且不利于防疫。现代化猪场多用。

综合式猪栏:猪舍内圈与圈间以 0.8~1.2 米高的实体墙相隔,沿通道正面用栅栏。集中了二者的优点,适于大小猪场。

母猪单体限位栏:单体限位栏系钢管焊接而成,由两侧栏架和前、后门组成,前门处安装食槽和饮水器,尺寸(长×宽×高)为 2.1 米×0.6 米×0.96 米。用于空怀母猪和妊娠母猪,与群养母猪相比,便于观察发情,便于配种,便于饲养管理,但限制了母猪活动,易发生肢蹄病。适于工厂化集约化养猪。

高床产仔栏:用于母猪产仔和哺育仔猪,由底网、围栏、母猪限位架、仔猪保温箱、食槽组成。底网采用由直径 5 毫米的冷拔圆钢编成的网或塑料漏缝地板,2.2 米×1.7 米(长×宽),下面附于角铁和扁铁,靠腿撑起,离地 20 厘米左右;围栏即四面的侧壁,为钢筋和钢管焊接而成,2.2 米×1.7 米×0.6 米(长×宽×高),钢筋间缝隙 5 厘米;母猪限位架为 2.2 米×0.6 米×(0.9~1.0)米(长×宽×高),位于底网中央,架前安装母猪食槽和饮水器,仔猪饮水器安装在前部或后部;仔猪保温箱 1 米×0.6 米×0.6 米(长×宽×高)。优点是占地小,便于管理,防止仔猪被压死和减少疾病。但投资高。

高床育仔栏:用于 4～10 周龄的断奶仔猪,结构同高床产仔栏的底网和围栏,高度 0.7 米,离地 20～40 厘米,占地小,便于管理,但投资高,规模化养殖多用。

(2)漏缝地板

采用漏缝地板易于清除猪的粪尿,减少人工清扫,便于保持栏内的清洁卫生,保持干燥,有利于猪的生长。要求耐腐蚀、不变形、表面平整、坚固耐用,不卡猪蹄、漏粪效果好,便于冲洗、保持干燥。漏缝地板距粪尿沟约 80 厘米,沟中经常保持 3～5 厘米的水深。

目前其样式主要有水泥漏缝地板、金属漏缝地板、金属冲网漏缝地板、生铁漏缝地板、塑料漏缝地板、陶质漏缝地板、橡胶或塑料漏缝地板。

(3)饲料供给及饲喂设备

饲料贮存,输送及饲喂设备主要有贮料塔、输送机、加料车、食槽和自动食箱等。

贮料塔:贮料塔多用 2.5～3.0 毫米镀锌波纹钢板压型而成,饲料在自身重力作用下落入贮料塔下锥体底部的出料口,再通过饲料输送机送到猪舍。

输送机:用来将饲料从猪舍外的贮料塔输送到猪舍内,然后分送到饲料车、食槽或自动食箱内。类型有卧式搅龙输送机、链式输送机、弹簧螺旋式输送机和塞管式输送机。

加料车:主要用于定量饲养的配种栏、怀孕栏和分娩栏,即将饲料从饲料塔出口送至食槽,有 2 种形式,即手推式机动和手推人力式加料。

食槽：分自由采食槽和限量食槽 2 种。材料可用水泥、金属等。

（4）供水及饮水设备

主要包括猪饮用水和清洁用水的供应，都用同一管路。应用最广泛的是自动饮水系统（包括饮水管道、过滤器、减压阀和自动饮水器等）。猪用自动饮水器的种类很多，有鸭嘴式、杯式、吸吮式和乳头式等。目前普遍采用的是鸭嘴式自动饮水器。鸭嘴式猪用自动饮水器主要由饮水器体、阀杆、弹簧、胶垫或胶圈等部分组成。平时，在弹簧的作用下，阀杆压紧胶垫，从而严密封闭了水流出口。当猪饮水时，咬动阀杆，使阀杆偏斜，水通过密封垫的缝隙沿鸭嘴的尖端流入猪的口腔。猪不咬动阀杆时，弹簧使阀杆恢复正常位置，密封垫又将出水孔堵死停止供水。

（5）供热保温设备

我国大部分地区冬季舍内温度都达不到猪的适宜温度，需要提供采暖设备。另外供热保温设备主要用于分娩栏和保育栏。采暖分集中采暖和局部采暖。供热保温设备有红外线灯、吊挂式红外线加热器、加热地板、电热风器、挡风帘幕和太阳能采暖系统等。

（6）通风降温设备

为了节约能源，尽量采用自然通风的方式，但在炎热地区和炎热天气，就应该考虑使用降温设备。通风除降温作用外，还可以排出有害气体和多余水汽。常用的通风降温设备有通风机、水蒸发式冷风机、喷雾降温系统和滴水降温等。

（7）清洁消毒设备

清洁消毒设备有冲洗设备和消毒设备。常用的设备有：固定式自动清洗系统、自动翻水斗、虹吸自动冲水器、火焰消毒器和紫外线消毒灯等。

（8）粪便处理设备

每头猪平均年产猪粪 2500 千克左右，及时合理地处理猪粪，既可获得优质的肥料，又可减少对周围环境的污染。

粪便处理设备包括带粉碎机的离心泵、低速分离筒、螺旋压力机、带式输送装置等部分。将粪液用离心泵从贮粪池中抽出，经粉碎后送入筛孔式分离滚筒将粪液分离成固态和液态两部分。固态部分进行脱水处理，使其含水率低于 70% 后，再经带式输送器送往运输车，运到贮粪场进行自然堆放状态下生物处理。液态部分经收集器流入贮液池，可利用双层洒车喷洒到田间，以提高土壤肥力。

（9）监测仪器

根据猪场实际可选择下列仪器：饲料成分分析仪器、兽医化验仪器、人工授精相关仪器、妊娠诊断仪器、称重仪器、活体超声波测膘仪、计算机及相关软件。

（10）运输设备

主要有仔猪转运车、饲料运输车和粪便运输车。

除上述设备外，还应配备断尾钳、牙剪、耳号钳、耳号牌、捉猪器、赶猪鞭等。

114. 简述猪场的主要建筑形式

（1）温棚式猪舍

在原有坡式、人字形和拱式猪舍的基础上，从猪舍前檐至运动场墙之间用钢筋或竹片加 1 弓形骨架,冬季天冷时加盖塑料薄膜保暖。采用薄膜覆盖可以提高舍内温度 7~9℃,可显著提高猪的生长速度。温棚的形式如图 13 所示,如果是拱式猪舍,也可按同法在运动场设置大棚。温棚式猪舍适合于肥育猪饲养场,种猪场的母猪和公猪舍也可以使用。

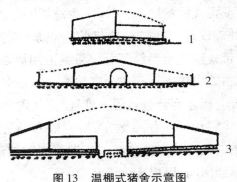

图 13　温棚式猪舍示意图
1 单列式　2 双列式　3 单列组合式

(2)常规猪舍

按照常规房屋的建筑模式进行设计和建筑。墙壁为"24"砖墙,屋架木制或钢制,屋面可用石棉瓦、机瓦或钢化玻璃瓦。房屋的规模和大小可依猪的饲养量而定。地下排污可用全漏缝地板或明、暗沟。猪可以使用网床,也可以落地。这种房舍冬季保温性能好,但夏季必须有风机(或排气扇)通风,并应用喷水防暑降温措施。

在全程式工厂化养猪条件下,一般需建大跨度轻型猪舍,可有效提高养猪的规模效益。

115. 如何控制猪舍温度?

由于猪是单胃动物,加上猪的汗腺极少,对环境温度的自控能力较差。为了保持猪体健康,增强自身免疫功能,预防呼吸系统和消化系统疾病,必须设法控制猪舍温度。

环境温度:

①小猪周围气温 20～26℃

②1～3 日龄仔猪 35～37℃

③4～7 日龄仔猪 30～32℃

④15～30 日龄仔猪 25～30℃

⑤2 ～3 月龄保育猪 22～24℃

⑥大猪周围气温 15～20℃

饮水及食温:1 头哺乳母猪每天均需要 17.5～22.5 千克水加食料,要把水温、食温从 0℃加热到 39℃,就要消耗 682～878 千卡的热量,或相当每天多吃 0.5～0.75 千克的精饲料,这是相当不划算的! 所以冬季不要给猪喂冰冻食物及饮水,最好把饲料和水加热到 20℃以上。

116. 规模化养猪场怎样控制疾病?

规模化养猪场一旦发生疾病,尤其是传染性疾病,将会严重影响养猪场的生产和经济效益。因此,养猪场必须坚持"预防为主,防重于治"的方针,提高猪群整体健康水平,防止外来疫病传入,控制与净化猪群中已有的疾病。

(1) 正确选择场址与合理布局猪场

规模化养猪场疾病防治首先应从场址的选择和布局着手。理想的养猪场场址应该选择地势高燥、背风向阳、利于排污和净化污水、有充足清洁的水源、交通和电力较为便利、又较为偏僻易于设防的地方,而且要有安全的生态环境,远离各种动物饲养场、屠宰场及产品加工厂,远离工厂、闹市、村庄、学校、交通主干道和公共兽医院(站)等,最好离开上述场所 1 千米以上或有天然屏障隔离。

正确选择场址与合理布局猪场应按功能划分生产区、生活区、管理区(辅助生产区),场内三区要严格分开。一般来说,生活区应在生产区的上风向,管理区在生产区的下风向。生产区按种猪舍—配种怀孕舍—分娩舍—保育舍—生长测定舍—育成舍—肉猪舍—出猪台从上风向到下风向依次排列,相邻猪舍保持一定的距离,实行不同猪群隔离饲养。场区的外围尤其是生产区的外围,应根据具体情况设置隔离网、隔离墙或防疫沟等,以防止野生动物及外人进入生产区。

(2)限制猪之间的接触

病原可通过猪之间的接触在猪场中传播开来。限制猪之间的接触可有效控制疾病传播。具体措施包括:①实行全进全出的生产方式。②杜绝仔猪出生 24 小时之后的仔猪寄养。③尽可能减少混群。可能情况下,尽量保证从断奶至出栏猪群分组不变。④栏位间采用实心墙进行分隔。⑤每栏饲养猪只的头数不能超过 13 只,或差不多 1 窝猪。每栏位养的猪越少,猪之间的接触就越少,发病率就越低。

(3)降低各种应激

应激的动物比正常动物更容易发病。生产中应激因素很多,可以导致许多疾病的发生,在秋冬季节,应激对猪呼吸道疾病的影响更为严重,如饮水短缺、饥饿、运输、拥挤等等。此外,微生物的入侵本身就会对免疫系统造成应激。如果免疫系统反应过激,病原就可能造成疾病,除非仔猪从初乳中获得了足够的抗体。每当采取任何会造成猪只应激的行动之前,都要考虑采用一种能够降低应激的方式来完成相应的工作。

①改善舍内通风,防止贼风。②控制舍内温度和湿度。③合理的饲养密度。有关专家推荐采用下列饲养密度:断奶

仔猪:3头/米^2,生长/肥育猪:大于 0.75 米^2/头。④饮水消毒。最好是地下水或不含有害物质和微生物的水,供猪体所需。⑤保持良好的环境卫生。

（4）全面的营养

全面的营养可以促进生长,还会改善免疫系统。保证全面的营养需要做好以下几点:①良好的初乳管理。②适时进行补料。③饲喂全价配合饲料。

（5）预防和接种

①用疫苗进行有效预防。②隔离与检疫。对新引进的猪必须进行隔离和检疫,对于种猪场或原种猪场还要进行人员消毒和管理。③采取严格的卫生防疫措施。在注射和断尾过程中采取严格的卫生措施;不同窝之间采用新针头、消毒器具等;不同产房之间不要共用设备,通过消毒池、消毒靴子进行疾病隔离;定期灭鼠灭虫;要坚决拒绝外人到猪舍参观。④妥善处理病死猪只。病死猪要远离猪场进行焚烧或深埋,大群及时消毒以防传染;场内还要设置专用的堆粪场或粪便处理设施,减少病原微生物对猪场的污染。

117. 规模化养猪场怎样进行程序免疫、建立消毒制度?

根据养猪场的实际情况,制定严格的免疫程序,使用疫（菌）苗等生物制剂有计划地对猪群进行常规免疫接种,或在疫病发生早期对猪群进行紧急免疫接种,以提高猪群对相应疫病的特异抵抗力,这是规模化养猪场综合性防疫极其重要的措施。

应按照不同日龄、不同生长发育阶段适时接种猪瘟、猪丹毒、猪肺疫、猪链球菌病、仔猪副伤寒、口蹄疫、伪狂犬病、猪乙型脑炎、猪喘气病、大肠杆菌病、仔猪红痢等常规性疫（菌）苗。

当必须引进猪只时，在引进前应仔细调查以确定产地为非疫区。猪只进场前必须进行严格消毒，隔离饲养30天以上，确定为健康无病者方可在生产区饲养。

猪场应严禁饲养禽、犬、猫等其他动物。猪场食堂不得外购猪肉，场内兽医不得对外诊治猪病及其他动物疾病，猪场配种员不得对外开展猪的配种工作。

饲养员应坚持每天清扫猪舍，保持料槽、饮水器、用具干净和地面清洁干爽，场内及场外道路应定期进行消毒，每月消毒1~2次。

要经常更换猪场消毒池的消毒药液，以保持其有效浓度。工作人员进入生产区时应先洗手消毒，换穿工作服和胶靴，或淋浴后更换衣鞋方可进入。工作服应保持清洁，并定期消毒。严禁饲养员互相串场。

每批生猪调出后，猪舍要严格进行清扫、冲洗和消毒，并空栏5~7天。产房要严格清洁消毒。临产母猪进产房前用0.1%的高锰酸钾溶液清洗外阴和乳房。仔猪断脐后要用碘酒等对切口进行消毒。

定期灭鼠杀虫，通过环境控制防止疾病传播。粪便和污水应及时清洁处理。病猪所排的粪便要消毒，必要时进行焚烧处理。普通病猪所排的粪便可堆积并以稀泥密封或投入沼气池中发酵产热以杀灭病原体和寄生虫卵。

正确处理病猪、死猪。出现病猪应及时隔离治疗。因病死亡、扑杀和急宰的病猪尸体应根据不同疾病分别进行高温、化制、深埋（坑深2米以上，远离人畜房舍和水源，防止野兽和狗掘食）、烧毁等无害化处理。发病后诊疗、饲喂和清洁用的工具以及场地等都必须严格消毒,以防止病原体传播。

118. 发酵床环保养殖技术中如何进行驱虫?

为了保障猪只的健康,提高生长速度、节约饲料、降低成本,经常要进行驱虫。

驱虫的方法:选好药物、时间,驱虫期一般为6天。驱虫前要在固定地方圈养,以便对场地进行清理和消毒。驱除完体内、外寄生虫后,再把猪赶到发酵床上进行饲养。

场外驱虫:为了驱除体内外寄生虫,可用伊维菌素拌料,连喂5~7天,并用三氯杀螨醇稀溶液喷洒体表及围栏。对于消化道内的寄生虫,公、母猪每隔3个月同时驱虫1次。引进的后备母猪并群前10天驱虫1次即可。这是指肥育猪饲养6个月、体重达100千克时的驱虫。如果是种猪,饲养周期较长,也可以延长驱虫时间。

注意:①集体驱虫;②驱虫后及时清除粪便,并做无害化处理;③猪舍地面、饲槽和墙壁要用5%的石灰乳(水)消毒,避免排出的虫体和虫卵又被猪食入后再感染。

场内驱虫:场外驱虫完毕后,就把猪赶到"干撒式"发酵床上。在以后的饲养过程中,要定期对发酵床上的猪进行驱虫。即使猪再次感染上肠道寄生虫,再次进行驱虫会使虫卵随着猪的粪便排到垫料上,在垫料发酵产热的作用下,杀灭虫卵,被杀灭的虫卵(含蛋白质)又被微生物利用。因此,只要把排出的猪粪填加到垫料中层,就没有问题。

只要驱虫工作有规律地进行,寄生虫就无法发育和排卵。

119. 正大 150 标准化猪舍的构造有何特点？它们在建筑上有些什么要求？

特点：

①圈舍全封闭,屋顶、围墙经保温隔热处理(中间夹有聚苯板可以隔热)；

②采用道式或热风炉烘暖；

③纵向负压通风,水帘降温,使舍内温度常年保持在 28～30℃；

④装有自动喂料、自动饮水设施；

⑤育肥猪进行大栏饲喂,种母猪采用定位栏和高架产床饲养；

⑥猪舍设有戏水池(猪厕所)及漏缝沟；

⑦猪舍设化粪池、沼气池,以减少对环境的污染；

⑧操作简便,省工省时。

150 模式的建筑要求：

①保温墙的做法：由内到外,依次为 1∶2 沙浆,1 厘米内粉；12 厘米(或 6 厘米)砖作内墙；6 厘米保温材料(低密度 10 千克/聚苯板或其他保温材料)；12 厘米砖墙作外墙。

②窗户的做法：换气窗高度距水平面 60 厘米,大风机框高 150 厘米,宽 150 厘米；小风机框高 100 厘米,宽 100 厘米,向内斜开；窗扇两边加挡风隔板,并有密封条。

通风窗框高 70 厘米,长 100 厘米,窗扇同上。窗户及通风口四周为实心墙。

③屋顶的做法：由下至上为屋架、檩条、篷布(或塑料布)、2 层 3 厘米聚苯板错开布局(或 6 厘米聚苯板防水卡口贴合)(容重大约 18 千克),篷布(或塑料布)用铁丝固定；石

棉瓦面(或别的防水屋面处理)。

④降温水帘:2个,长255厘米、宽170厘米。

⑤山墙高:360厘米。

⑥墙高:210厘米。

120. 养猪场为什么要提环境保护?怎样进行环境保护?

2014年修订的《中华人民共和国环境保护法》第49条中写到:畜禽养殖场、养殖小区、定点屠宰厂的选址、建设和管理应当符合有关法律的规定,对畜禽粪便、尸体和污水等废弃物进行科学处理,防止污染环境。

(1)养猪场污染环境的废弃物

①猪粪、尿的排泄量不可小视。据测定,一头怀孕母猪和种公猪日排粪尿10～15kg;一头带仔母猪日排粪尿15～18kg;一头18～30kg的肥育猪日排粪尿5～7kg;30～50kg猪日排粪尿7～10kg;50～80kg猪日排粪尿则为10～15kg。照此标准计算,一个万头猪场年积肥数量接近万吨。如果这些粪尿能被及时处理和消化,无疑是很有价值的有机肥料;否则,将会对环境造成很大压力。

②猪是单胃型杂食动物,对精料的需求量大。由于植物性饲料中会有较高比例的植酸磷,而猪体又缺少消化这种成分的植酸酶,所以精料成分中的含磷成分消化率低,吸收利用得较少,粪中所排泄的氮、磷较多,容易污染土壤和水源。加上猪的用水量较多(母猪60升/日,肥猪20～30升/日)、排尿量多,容易使过多的氮、磷被溶解,而渗漏于土壤或径流入水源(地下水)。

③由于猪的饲料中含有较高的蛋白质,在其消化过程中

容易在后部消化道(特别是盲肠)中因为细菌的发酵使未被消化的饲料成分分解产生二氧化碳、甲烷、氨等成分,加上肝脏代谢的一些尾产物,如吲哚、胆红素、胆绿素等一同进入粪尿,再经细菌发酵而形成一些刺鼻的恶臭气味,散发到空气之中,造成对环境的污染。

④死猪的尸体。据资料介绍,仔猪的正常死亡率一般高达30%,保育猪约10%,青年猪和母猪约为5%,照此计算,一个万头猪场每年死猪超过3000头。如果这些尸体不能得到有效处理,也会造成对环境的污染。

(2)做好养猪场的环境治理

①合理确定猪场规模,防止不切实际的贪大求洋。

根据国际惯例和经验,猪场规模必须符合当地经济发展规律和农业生产实际,实行农牧结合和种—养—加一体化发展,使猪场所产生的有机肥料能就近得以消纳。

②优化猪场内部各单元的布局,使生产和生活区分离,并建设隔离区、粪污处理区和尸体处理区,并做到以下几点:

生产区放到下风向,生活区放到上风向。

贮粪池必须距地表水500米以上,并有防渗保护。

尸体处理区远离场区,并设焚尸炉。

③猪舍地面为漏缝地板,实行干清粪工艺,使尿液及时冲走。对猪粪/尿及冲栏水经格栅渣处理后再进行厌氧沼气发酵,同时还要建设沼气输送管网,购置吸粪车。

④对场区的雨水和污水分道进行输送,前者可进入排水系统,但后者必须和冲洗水一道流入过滤池和净化池,再进入沼气发酵池。

⑤建固化粪便贮存池,并防渗,设顶盖以防雨水进入。粪便池进行有氧发酵,制成有机肥或配方肥。

⑥改进饲料配方,添加植酸酶,提高饲料消化率和吸收率,减少氨、硫化氢、有机磷、吲哚等的排放量和对土壤及空气的污染。

A 不同阶段猪的营养标准

项目	后备公猪 前期	后备公猪 后期	后备母猪 前期	后备母猪 后期	种公猪 非配种期	种公猪 配种期	种母猪 妊娠前期	种母猪 妊娠后期	种母猪 哺乳期	仔猪(断奶)至30千克	育肥猪 30~60千克	育肥猪 60~80千克	育肥猪 80千克至出栏
消化能(兆焦/千克)	12.3	11.7	11.7	11.3	10.5	12.5	10.0	10.5	12.5	13.0	13.0	16	
每千克料含 粗蛋白(%)	16	15	15	14	12	16	10	11	17	17	16	14	11
钙(%)	0.72	081	0.53	0.61	0.66	0.60	0.57	0.58	0.75	0.65	0.62	0.55	0.48
磷(%)	0.58	0.65	0.42	0.50	0.53	0.48	0.45	0.47	0.50	0.55	0.51	0.43	0.39
赖氨酸(%)	0.57	0.87	0.61	0.66	0.42	0.57	0.35	0.36	0.60	0.78	0.72	1.0	1.3

B 猪常用饲料营养成分表

一、青绿饲料类

序号	饲料名称	干物质(%)	消化能(%)	代谢能(%)	粗蛋白质(%)	粗纤维(%)	钙(%)	磷(%)	植酸磷(%)	赖氨酸(%)	蛋氨酸+胱氨酸(%)	苏氨酸(%)	异亮氨酸(%)
1	白三叶	17.7	0.48	0.46	3.9	3.5	0.25	0.08	0	0.16	0.15	0.14	0.12
2	芭蕉秆	4.3	0.08	0.08	0.3	1.1	0.03	0.01	0	0.01	0.01	0.01	0.01
3	草木樨	16.4	0.34	0.32	3.8	4.2	0.22	0.06	0	0.17	0.08	0.14	0.03
4	大白菜	6.0	0.19	0.18	1.4	0.5	0.03	0.04	0	0.04	0.04	0.02	0.03
5	胡萝卜缨	20.0	0.40	0.38	3.0	3.6	0.40	0.08	0	0.14	0.08	0.10	0.12
6	甘蓝	12.3	0.30	0.29	2.3	1.7	0.26	0.04	0	0.09	0.07	0.08	0.08
7	甘薯藤	13.9	0.39	0.37	2.2	2.6	0.22	0.07	0	0.08	0.04	0.08	0.08
8	灰菜	18.3	0.40	0.38	4.1	2.9	0.34	0.07	0				
9	红三叶	12.4	0.33	0.32	2.3	3.0	0.25	0.04	0	0.08	0.05	0.07	0.06
10	聚合草	12.9	0.40	0.38	3.2	1.3	0.16	0.12	0	0.13	0.12	0.13	0.13
11	菊芋	20.0	0.52	0.5	2.3	5.5	0.03	0.01	0	0.06	0.05	0.04	0.04
12	苣荬菜	15.0	0.46	0.44	4.0	1.5	0.28	0.05	0	0.16	0.16		
13	牛皮菜	9.7	0.21	0.20	2.3	1.2	0.14	0.04	0	0.01	0.06	0.03	0.04

序号	饲料名称	干物质(%)	消化能(%)	代谢能(%)	粗蛋白质(%)	粗纤维(%)	钙(%)	磷(%)	植酸磷(%)	赖氨酸(%)	蛋氨酸+胱氨酸(%)	苏氨酸(%)	异亮氨酸(%)
14	绿萍	6.0	0.17	0.16	1.6	0.9	0.06	0.02	0	0.07	0.07	0.08	0.08
15	株食豆草	19.3	0.54	0.51	4.8	3.8	0.38	0.05	0	0.19	0.11	0.15	0.17
16	苜蓿	29.2	0.68	0.65	5.3	10.7	0.49	0.09	0	0.20	0.08	0.21	0.17
17	干藊谷	15.0	0.36	0.35	2.0	5.0	0.22	0.03	0	0.07	0.05	0.06	0.06
18	苕子	15.6	0.41	0.39	4.2	4.1	0.12	0.02	0	0.21	0.13	0.16	0.16
19	水禅草	10.0	0.28	0.27	1.8	2.0	0.07	0.02	0				
20	水浮莲	4.1	0.12	0.12	0.9	0.7	0.03	0.01	0	0.04	0.03	0.03	0.03
21	水葫芦	5.1	0.14	0.13	0.9	1.2	0.04	0.02	0	0.04	0.04	0.04	0.04
22	水花生	10.0	0.28	0.27	1.3	2.2	0.04	0.03	0	0.07	0.03	0.05	0.05
23	甜菜叶	6.9	0.21	0.20	1.4	0.7	0.02	0.03	0	0.01	0.02	0.04	0.04
24	小白菜	7.9	0.22	0.21	1.6	1.7	0.04	0.06	0	0.08	0.03	0.03	0.05
25	雍菜	9.1	0.20	0.19	1.9	1.5	0.10	0.04	0	0.09	0.06	0.08	0.07
26	紫云英	13.4	0.39	0.37	3.2	2.2	0.17	0.06	0	0.17	0.11	0.13	0.13

二、树叶类

序号	名称	89.1	2.39	2.21	17.8	11.1	1.19	0.17	0	1.35	0.37	0.91	1.06
27	槐叶粉	89.1	2.39	2.21	17.8	11.1	1.19	0.17	0	1.35	0.37	0.91	1.06
28	紫穗槐叶粉	90.6	2.52	2.30	23.0	12.9	1.40	0.40	—	1.45	0.82	1.17	1.17
三、青贮发酵饲料类													
29	白菜青贮	10.9	0.19	0.17	2.0	2.3	0.29	0.07	0	0.05	0.05		
30	胡萝卜秧青贮	19.7	0.21	0.20	3.1	5.7	0.35	0.03	0	0.05	0.05		
31	甘薯藤青贮	18.3	0.24	0.22	1.7	4.5			0	0.05	0.05		0.05
32	甘蓝青贮	9.7	0.21	0.20	2.1	1.7	0.15	微	0				
33	马铃薯秧青贮	23.0	0.25	0.23	2.1	6.1	0.27	0.03	0	0.13	0.12	0.11	0.20

续表

序号	饲料名称	干物质（%）	消化能（%）	代谢能（%）	粗蛋白质（%）	粗纤维（%）	钙（%）	磷（%）	植酸磷（%）	赖氨酸（%）	蛋氨酸+胱氨酸（%）	苏氨酸（%）	异亮氨酸（%）
34	甜菜叶青贮	37.5	0.64	0.60	4.6	7.4			0				0.23
35	玉米青贮	22.7	0.18	0.17	2.8	8.0	0.10	0.06	0	0.17	0.09	0.07	
36	紫云英青贮	25.0	0.65	0.58	7.8	5.1			0				
四、块根、块茎、瓜果类													
37	胡萝卜	10.0	0.32	0.31	0.9	0.9	0.03	0.01	—	0.04	0.06	0.05	0.05
38	甘薯	24.6	0.92	0.88	1.1	0.8	0.06	0.07	—	0.05	0.08	0.05	0.04
39	甘薯干	87.9	3.26	3.11	3.1	3.0	0.34	0.11	—	0.13	0.08	0.11	0.14
40	萝卜	8.2	0.25	0.24	0.6	0.8	0.05	0.03	—	0.02	0.02	0.02	0.01
41	马铃薯	20.7	0.78	0.75	1.5	0.6	0.02	0.04	—	0.07	0.06	0.06	0.05

序号	名称												
42	木薯干	90.1	3.18	3.03	3.7	2.2	0.07	0.05	—	0.12	0.06	0.08	0.09
43	南瓜	10.0	0.31	0.30	1.7	0.9	0.02	0.01	—	0.07	0.08	0.06	0.06
44	甜菜	15.0	0.43	0.41	2.7	1.8	0.04	0.02	—	0.02	0.05	0.03	0.02
45	芜青甘蓝	11.5	0.37	0.35	1.6	1.0	0.06	0.05	—	0.05	0.03	0.04	0.04
46	西瓜皮	6.6	0.14	0.13	0.6	1.3	0.02	0.02	—	0.01	0.01	0.01	0.01
47	西葫芦	3.0	0.07	0.07	0.6	0.5	0.02	0.05	—	0.02	0.02	0.02	0.06
五、青干草类													
48	秋白草粉	85.2	0.94	0.89	6.8	27.5	0.21	0.16	0	0.29	0.36	0.22	0.26
49	苜蓿干草（日晒）	89.6	1.57	1.46	15.7	23.9	1.25	0.23	0	0.61	0.26	0.64	0.52

续表

序号	饲料名称	干物质（%）	消化能（%）	代谢能（%）	粗蛋白质（%）	粗纤维（%）	钙（%）	磷（%）	植酸磷（%）	赖氨酸（%）	蛋氨酸+胱氨酸（%）	苏氨酸（%）	异亮氨酸（%）
50	苜蓿干草（人工）	91.0	1.76	1.63	18.0	21.5	1.33	0.29	0	0.65	0.42	0.55	0.53
51	秣食豆秧	89.0	1.26	1.16	18.2	31.4	1.70	0.37	0	0.70	0.43	0.55	0.64
52	紫云英草粉	88.0	1.64	1.50	22.3	19.5	1.42	0.43	0	0.85	0.34	0.83	0.81
六、农副产品类													
53	大豆秸粉	93.2	0.17	0.16	8.9	39.8	0.87	0.05	0	0.27	0.14	0.20	0.18
54	谷糠	91.1	1.12	1.06	8.6	28.1	0.17	0.47	—	0.21	0.25	0.21	0.24
55	花生藤	90.0	1.65	1.54	12.2	21.8	2.80	0.10	0	0.40	0.27	0.32	0.37

56	玉米秸粉	88.8	0.55	0.52	3.3	33.4	0.67	0.23	0	0.05	0.07	0.10	0.05

七、谷实类

57	大麦	88.0	2.91	2.73	10.5	6.5	0.03	0.30	0.15	0.40	0.45	0.38	0.37
58	稻谷	88.6	2.27	2.62	6.8	8.2	0.03	0.27	0.14	0.27	0.30	0.25	0.25
59	高粱	87.0	3.37	3.18	8.5	1.5	0.09	0.36	0.21	0.24	0.21	0.32	0.35
60	裸大麦	87.4	3.31	3.11	10.7	2.2	0.07	0.32	0.18				
61	荞麦	87.9	2.65	2.48	12.5	12.3	0.13	0.29	0.14	0.67	0.65	0.44	0.42
62	碎米	87.6	3.51	3.32	6.9	0.9	0.14	0.25	0.06	0.24	0.36	0.24	0.25
63	小麦	86.1	3.25	3.05	11.1	2.2	0.05	0.32	0.18	0.35	0.56	0.33	0.40
64	小米	87.7	3.07	2.87	12.0	7.6	0.04	0.27	0.14	0.48	0.37	0.39	0.41
65	燕麦	89.6	2.87	2.70	9.9	9.7	0.15	0.23	0.23	0.58	0.12	0.28	0.28

续表

序号	饲料名称	干物质(%)	消化能(%)	代谢能(%)	粗蛋白质(%)	粗纤维(%)	钙(%)	磷(%)	植酸磷(%)	赖氨酸(%)	蛋氨酸+胱氨酸(%)	苏氨酸(%)	异亮氨酸(%)
66	玉米(北京)	88.0	3.43	3.23	8.5	1.3	0.02	0.21	0.16	0.26	0.48	0.31	0.25
67	玉米(黑龙江)	88.3	3.36	3.17	7.8	2.1	0.03	0.28	0.16	0.25	0.42	0.28	0.25
八、糠麸类													
68	大麦麸	87.0	2.96	2.75	15.4	5.1	0.33	0.48	0.46	0.32	0.33	0.27	0.36
69	大麦糠	88.2	2.44	2.88	12.8	11.2	0.33	0.48	0.46	0.32	0.33	0.27	0.36
70	高粱糠	88.4	2.89	2.71	10.3	6.9	0.30	0.44	–	0.38	0.39	0.34	0.42
71	米糠	86.7	2.17	2.54	11.6	6.4	0.06	1.58	1.33				
72	统糠(三七)	90.0	0.76	0.72	5.4	31.7	0.36	0.43	–	0.21	0.30	0.19	0.12
73	统糠(二八)	90.6	0.50	0.48	4.4	34.7	0.39	0.32	–	0.18	0.26	0.16	0.11
74	小麦麸	87.9	2.53	2.36	13.5	10.4	0.22	1.09	0.66	0.67	0.74	0.54	0.49

75	细米糠	89.9	3.75	3.49	14.8	9.5	0.09	1.74	—	0.57	0.67	0.47	0.43
76	细麦糠	88.1	3.16	2.94	14.3	4.6	0.09	0.50	—	0.50	0.35	0.42	0.44
77	玉米糠	87.5	2.61	2.45	9.9	9.5	0.08	0.48	—	0.49	0.27	0.41	0.41
78	三等面粉	87.8	3.37	3.10	11.0	0.8	0.12	0.13	—	0.42	0.67	0.36	0.37

九、豆类

79	蚕豆	87.3	3.08	2.80	2.45	5.9	0.09	0.38	0.19	1.82	0.79	1.00	1.13
80	大豆	88.8	3.96	3.50	3.17	4.9	0.25	0.55	0.20	2.51	0.92	1.48	2.03
81	黑豆	91.0	3.92	3.46	37.9	5.7	0.27	0.52	0.17	1.60	0.56	0.89	1.39
82	豌豆	87.3	3.10	2.84	22.2	5.6	0.14	0.34	0.08	1.88	0.42	0.99	0.87
83	小豆	88.0	3.19	2.93	20.7	10.6	0.07	0.31	—	1.60	0.24	0.87	0.80

十、油饼类

84	菜籽饼	91.2	2.77	2.45	37.4	11.7	0.61	0.95	0.57	1.18	2.18	1.42	1.28
85	豆饼	88.2	3.24	2.84	41.6	4.5	0.32	0.50	0.23	2.49	1.23	1.71	1.87
86	亚麻饼	90.5	2.61	2.34	31.1	13.5	0.45	0.54	0.53	0.77	0.50	0.85	0.72

续表

序号	饲料名称	干物质(%)	消化能(%)	代谢能(%)	粗蛋白质(%)	粗纤维(%)	钙(%)	磷(%)	植酸磷(%)	赖氨酸(%)	蛋氨酸+胱氨酸(%)	苏氨酸(%)	异亮氨酸(%)
87	花生饼	89.6	3.36	2.93	43.8	3.7	0.33	0.58	0.20	1.17	1.75	1.02	1.22
88	糠饼	91.5	2.57	2.40	13.6	11.7	0.07	1.87	1.55	0.54	0.92	0.63	0.56
89	棉仁饼	90.3	2.60	2.31	35.7	13.5	0.40	0.50	-	1.59	1.58	0.34	1.94
90	葵籽饼(带壳)	89.0	1.82	1.63	31.5	22.6	0.40	0.40	-	0.58	0.66	0.73	0.59
91	棉籽饼	92.3	2.76	2.47	32.3	12.5	0.36	0.81	0.63	1.15	1.09	1.05	0.77
92	椰子饼	91.2	2.68	2.44	24.7	12.9	0.04	0.06	-	0.54	0.53	0.60	1.00
93	亚麻籽饼	91.1	3.01	2.67	35.9	8.9	0.39	0.87	-	0.90	0.54	1.20	1.02
94	玉米胚芽饼	91.8	3.22	2.98	16.8	5.5	0.04	1.48	-	0.67	0.80	0.60	0.49
95	芝麻饼	91.7	3.35	2.98	35.4	4.9	1.49	1.16	0.88	0.76	1.69	1.46	1.39
96	豆粕	89.6	3.13	27.1	45.6	5.9	0.26	0.57	0.23	2.90	1.32	1.70	2.50
十一、糟渣类													
97	醋糟	35.2	1.13	1.07	8.5	3.0	0.73	0.28	0.06	0.27	0.55	0.29	0.27

98	豆腐渣	15.0	0.33	0.31	3.9	2.8	0.02	0.04	−	0.26	0.12	0.46	0.20
99	粉渣（豆类）	14.0	0.29	0.28	2.1	2.8	0.06	0.03	−				
100	粉渣（薯类）	11.8	0.30	0.29	2.0	1.8	0.08	0.04	−	0.14	0.12	0.10	0.10
101	酒糟	32.5	0.81	0.77	7.5	5.7	0.19	0.20	−	0.33	0.80	0.45	0.51
102	啤酒糟	13.6	0.33	0.31	3.6	2.3	0.06	0.08	−	0.14	0.19	0.14	0.16
103	甜菜渣	15.2	0.34	0.33	1.3	2.8	0.11	0.02	−	0.34	0.18	0.47	0.39
104	酱渣	35.0	0.91	0.85	11.4	3.30	0.07	0.03	0.53	1.41	0.67	1.07	

十二、动物性饲料

105	牛乳	12.2	0.73	0.70	2.9	0	0.22	0.09	0	0.24	0.13	0.14	0.15
106	蚕蛹渣	90.5	3.04	2.49	69.7	0	0.30	0.77	0	3.61	3.63	2.38	2.35
107	鱼粉（秘鲁）	92.0	2.97	2.46	65.1	0	5.1	2.88	0	5.10	2.20	2.80	2.77

续表

序号	饲料名称	干物质（%）	消化能（%）	代谢能（%）	粗蛋白质（%）	粗纤维（%）	钙（%）	磷（%）	植酸磷（%）	赖氨酸（%）	蛋氨酸＋胱氨酸（%）	苏氨酸（%）	异亮氨酸（%）
108	全脂奶粉	90.0	5.38	4.93	21.4	0	1.62	0.66	0	2.40	1.08	1.60	2.70
109	肉骨粉（50%）	92.4	2.87	2.49	45.0	0	11.0	5.90	0	2.49	1.02	1.63	1.32
110	肉粉（50%）	92.0	3.00	2.55	54.4	—	8.27	4.10	0	3.00	1.43	1.80	1.90
111	脱脂奶粉	92.0	3.29	2.95	30.9	—	1.50	0.94	0	2.60	1.40	1.75	2.10
112	血粉	89.3	2.61	2.09	78.0	—	0.30	0.23	0	7.04	2.47	3.03	0.71
113	酵母	91.7	2.92	2.53	47.1	—	0.45	1.48	0	2.57	0.27	2.18	2.19
114	鱼粉	91.3	2.73	2.33	53.6	—	3.10	1.17	0	3.90	1.62	2.19	2.25
十三、矿物质饲料													
115	贝壳粉	32.6											

116	蚕壳粉				37.00	0.15					
117	骨粉				30.12	13.46					
118	磷酸钙				27.91	14.38					
119	磷酸氢钙				23.10	18.70					
120	石粉				35.00	0					

C 猪程序免疫简表

猪程序免疫简表

群别	接种时间	疫苗及用量
后备猪	配种前 1 个月，经产母猪在断奶后	1. 猪瘟疫苗，每头 4 头份； 2. 猪丹毒、猪肺疫二联苗，每头 1 头份； 3. 猪乙型脑炎疫苗，每头 1 头份； 4. 猪细小病毒疫苗，每头 1 头份(灭活苗可接种 2 次,间隔 15 天)； 5. 猪伪狂犬疫苗，按说明书使用。
	在产前 40 天	仔猪大肠杆菌四联苗（K88，K99，987P，F41)
	产前 35 天、15 天各 1 次	猪萎缩性鼻炎疫苗，每次每头 2 毫升
	产前 30 天、15 天各 1 次	猪链球菌疫苗，每次每头 1 头份
	产前 30 天、15 天 1 次	厌氧苗，每次每头 3 毫升
临产母猪	产前 40 天	猪伪狂犬疫苗，每头 2 毫升
	在每年 9 月底开始接种，来年 3 月底结束，也可全年接种	猪传染性胃肠炎、流行性腹泻二联苗按说明书使用

哺乳猪	20 日龄	猪瘟疫苗,乳前免疫,每头 2 头份,1 小时后吃奶;倍量免疫,每头 4 头份;
	断奶前 2～3 天	猪丹毒、猪肺疫二联苗,每头 1 头份
	断奶前 2～3 天	仔猪副伤寒疫苗,每头 1 头份
	28 日龄进行	猪伪狂犬疫苗,每头 2 毫升
	5～7 日龄,30～35 日龄各 1 次	猪萎缩性鼻炎疫苗,每头 2 毫升
	断奶前 5～10 天	猪传染性胃肠炎、流行性腹泻二联苗,每头 2 毫升,肌注
育成猪	65～70 日龄	猪瘟疫苗,每头 4 头份
		猪丹毒、猪肺疫二联苗,每头 1 头份
		仔猪副伤寒疫苗,每头 1 头份
		猪链球菌苗,每头 1 头份
		猪伪狂犬疫苗,每头 2 毫升